Variantenkonfiguration in SAP S/4HANA®

Rainer Neumann
Dieter Schraad

Willkommen bei Espresso Tutorials!

Unser Ziel ist es, SAP-Wissen wie einen Espresso zu servieren: Auf das Wesentliche verdichtete Informationen anstelle langatmiger Kompendien – für ein effektives Lernen an konkreten Fallbeispielen. Viele unserer Bücher enthalten zusätzlich Videos, mit denen Sie Schritt für Schritt die vermittelten Inhalte nachvollziehen können. Besuchen Sie unseren YouTube-Kanal mit einer umfangreichen Auswahl frei zugänglicher Videos:

https://www.youtube.com/user/EspressoTutorials.

Kennen Sie schon unser Forum? Hier erhalten Sie stets aktuelle Informationen zu Entwicklungen der SAP-Software, Hilfe zu Ihren Fragen und die Gelegenheit, mit anderen Anwendern zu diskutieren:

http://www.fico-forum.de.

Eine Auswahl weiterer Bücher von Espresso Tutorials:

- Björn Weber: **Bedarfsplanung in der Produktion mit SAP® PP**
  http://5057.espresso-tutorials.de
- Paul-Werner Neiss:
  Schnelleinstieg ins Qualitätsmanagement mit SAP® QM
  http://5266.espresso-tutorials.de
- Sebastian Brunner, Philipp Reichhardt, Martin Munzel:
  Schnelleinstieg in SAP S/4HANA®
  http://5341.espresso-tutorials.de
- Björn Weber, Nikolaus Fankhauser:
  Schnelleinstieg in die Produktionsprozesse (PP) in SAP® ERP und S/4HANA *http://5387.espresso-tutorials.de*
- Paul-Werner Neiss:
  Schnelleinstieg in SAP S/4HANA® EAM – Anlagenmanagement
  http://5423.espresso-tutorials.de
- Ilka Dischinger:
  Lohnbearbeitung mit SAP S/4HANA® – Einkaufs- und Produktionsprozesse *http://5649.espresso-tutorials.de*

Bibliografische Information der Deutschen Nationalbibliothek
Die Deutsche Nationalbibliothek verzeichnet diese Publikation in der Deutschen Nationalbibliografie; detaillierte bibliografische Daten sind im Internet über https://portal.dnb.de abrufbar.

Rainer Neumann, Dieter Schraad
Variantenkonfiguration in SAP S/4HANA®

ISBN: 978-3-96012-069-8

Lektorat: Anja Achilles

Korrektorat: Bernhard Edlmann Verlagsdienstleistungen, Raubling

Coverdesign: Philip Esch

Coverfoto: © kemalbas | ID 171310543 – istockphoto.com

Satz & Layout: Johann-Christian Hanke

1. Auflage 2021

URL: *www.espresso-tutorials.de*

Feedback:
Wir freuen uns über Fragen und Anmerkungen jeglicher Art. Bitte senden Sie diese an: *info@espresso-tutorials.com*.

Inhaltsverzeichnis

Grußwort

Marin Ukalovic – Vice President und Chief Product Owner für Digital Configuration Lifecycle (SAP SE, Walldorf)

In den Neunzigerjahren des letzten Jahrhunderts bzw. Jahrtausends hat sich ein Prozess im Bereich der Unternehmenssoftware etabliert, den man gemeinhin unter dem Begriff »Variantenkonfiguration« zusammenfasst. Dieser unterstützt Unternehmen dabei, kundenindividuelle Produkte in einer intelligenten Art und Weise zu vermarkten, zu verkaufen, zu fertigen und auszuliefern. Und dies, ohne in Unmengen an normalerweise von der Unternehmenssoftware dafür benötigten Materialstämmen, Stücklisten, Arbeitsplänen und weiteren Stammdaten zu ersticken.

Schon eine recht kleine Größenordnung der Variantenvielfalt führt zu einer Menge vorgedachter Datenstrukturen, die man üblicherweise sofort mittels Exponenten darstellt.

Anwendungen der Variantenkonfiguration finden sich in erster Linie im Vertrieb: sowohl im Direktvertrieb, wie etwa einer Configure-Price-Quote-Applikation, als auch in einer B2B- oder B2C-Plattform wie

E-Commerce oder im ERP-System direkt in der internen Vertriebsabwicklung. Für Letzteres ist die Variantenkonfiguration im Engineering, im Verkauf, in der Materialbedarfsplanung und der kompletten Supply Chain relevant. Daher sollten Preisfindung, Kalkulation und Lagerhaltung auf die Besonderheiten der Variantenkonfiguration abgestimmt sein.

Kurz gesagt: Bei konfigurierbaren Produkten ist alles anders.

Deshalb ist es aus meiner Sicht unabdingbar, das Thema ganzheitlich zu betrachten. Eine Inselapplikation wie beispielsweise ein reiner Vertriebskonfigurator – mag er noch so attraktiv sein und Features wie eine 3D-Unterstützung anbieten – wird einem Unternehmen auf Dauer keinen Erfolg sichern. Erst eine in die Prozesse integrierte Lösung bringt intelligenten Unternehmen den entscheidenden Vorsprung, um sich von Mitbewerbern abheben zu können.

Gleichzeitig ist der Anspruch des Käufers in den letzten Jahren stetig gestiegen, d. h., die früher übliche technische Orientierung eines Konfigurators, mag er dem Ingenieur noch so gut gefallen, wird im Commerce zu keinem Erfolg führen. Auch die stücklistenorientierte Abarbeitung bzw. Fokussierung ist schon lange nicht mehr State of the Art.

Und auch der Anspruch der Vertriebsmitarbeiter hat sich aufgrund der Arbeitsverdichtung und des Umsatzdrucks verändert. Nicht allein der Kundenwunsch steht im Fokus, sondern ebenso die eigene Marge beim Verkauf und die Abwägung zwischen Lead, Opportunity und Verkaufsabschluss.

Hinzu kommt der zunehmende Einsatz künstlicher Intelligenz, die somit Einzug in unzählige Prozesse hält, um einerseits den Mitarbeiter im Verkauf oder den Kunden beim Einkauf zu unterstützen sowie andererseits Prozesse in der Supply Chain zu automatisieren und zu optimieren. Denn eigentlich möchte in Zukunft niemand mehr seinen Kaufwunsch durch Anklicken von Merkmalen und Werten mitteilen. Es geht eher darum, z. B. aus einer Anforderungsbeschreibung zunächst die richtige Produktgruppe auszuwählen und dann anhand maschineller Algorithmen die passende Ausprägung des Produkts zu finden.

Nachdem sich die SAP in den Neunzigerjahren gezielt mit dem Thema beschäftigt hat, etablierten sich mehrere ihrer Konfiguratoren sehr erfolgreich am Markt: zum einen der *LO-VC* (ein SAP-typisches Akronym, das für Logistische Variantenkonfiguration steht), der bereits von Tausenden von SAP-Kunden genutzt wird, und zum anderen die sogenannten Vertriebskonfiguratoren wie SAP *IPC* (Internet Pricing and Configurator) und *SSC* (Solution Sales Configuration), welche in Applikationen wie Internet Sales, Online Store, CRM oder SAP-fremden Systemen zum Einsatz kamen.

Dies hat sich in den letzten Jahren stark verändert.

Sowohl der LO-VC als auch der IPC sind inzwischen im Wartungsmodus und wurden durch ihre Nachfolger abgelöst. Was geblieben ist, und das halte ich persönlich für die wichtigste strategische Entscheidung sowohl der SAP als auch von deren Kunden, ist der Anspruch der Integration – und zwar nicht nur der Prozessintegration, sondern auch der Produktmodellintegration.

»Model once, configure anywhere« ist ein Credo, welches ich in meiner inzwischen mehr als 20-jährigen Karriere bei der SAP sowohl in meiner Rolle im Vertrieb vertreten habe als auch nun im Produktmanagement als Chief Product Owner (in der SAP SE) weiterhin vertrete.

Von der heutigen Generation der konfigurationsunterstützenden Systeme innerhalb des SAP-Portfolios sind folgende als strategisch zu betrachten:

- Als prominentestes Produkt ist die »Advanced Variant Configuration« (AVC) in S/4HANA Cloud und S/4HANA On-Premise zu benennen, auf die auch die vorliegende Publikation klar fokussiert. AVC ist die direkte Nachfolgegeneration des LO-VC und diesem beim Set-up sehr nahe, um Kunden den Umstieg so leicht wie möglich zu machen.
- Der IPC wurde durch »Variant Configuration and Pricing« ersetzt, das als Microservice auf der SAP Business Technology Platform läuft und das Produktmodell aus SAP ERP und S/4HANA LO-VC anderen Applikationen wie SAP Commerce Cloud, SAP CPQ und auch Drittanwendungen zur Verfügung stellt.

- Der SSC ist weiterhin verfügbar, wird fortentwickelt und adressiert insbesondere hochkomplexe Anforderungen an die Konfiguration, welche sich durch den klassischen Top-down-Ansatz mit Maximalstrukturen nicht so einfach lösen lassen.

Die Advanced Variant Configuration ist nun seit 2017 auf dem Markt und wird in S/4HANA Cloud quartalsweise upgedatet, wobei diese Neuerungen dann in gesammelter Form auch den S/4HANA-On-Premise-Kunden zur Verfügung gestellt werden. Die Innovationszyklen sowie die Bereitstellung der erweiterten Funktionen und Prozesse werden sich noch weiter beschleunigen. Daher ist es Kunden anzuraten, immer die aktuellste Version zu benutzen. Die Investition der SAP in dieses Thema ist enorm. In allen angrenzenden Bereichen zieht es sich wie ein Rückgrat durchs Unternehmen, dem erhöhten Anspruch der Kunden durch gezielte Neuentwicklungen Rechnung zu tragen. Die Zielrichtung und Maßgabe sind hier ganz klar die Orientierung in Richtung Cloud. Dies betrifft sowohl die AVC, den BTP Microservice (CPS), der ab Herbst 2021 durch die Adaption der AVC das Konzept »Model once, configure anywhere« noch stärker unterstützen wird, als auch die SAP Commerce Cloud als Konsument dieses Microservice. Nicht zu vergessen die SAP-Lösung CPQ, die sich zum einen unabhängig von SAP-Backend-Systemen betreiben lässt, zum anderen – in der aus meiner Sicht interessanteren Variante als Konsument des Microservice – die AVC-Datenmodelle (und das Pricing) aus S/4HANA weiternutzen kann.

Wenn die Frage aufkommt, wann diese Entwicklung abgeschlossen sein wird, so ist meine Antwort: Hoffentlich nie, denn es gibt noch so vieles in diesem einzigartigen Prozess, was sich noch besser und vor allem intelligenter automatisieren lässt. Und durch die (wachsende) Nutzung des in vielen verschiedenen Branchen angewandten Lot-Size-One-Prozesses nehmen auch die Anforderungen, Wünsche und Ideen von Kunden und Partnern stetig zu.

In diesem Sinne wünsche ich den Lesern dieses Buches viel Vergnügen und den Autoren viel Erfolg.

Vorwort

»Jeder Kunde kann ein lackiertes Auto in jeder gewünschten Farbe haben, solange es schwarz ist.«
(Henry Ford, 1863–1947)

Mit diesem Zitat wollte Henry Ford ausdrücken, dass für ihn nicht die Optik, sondern ein einfacher und kostengünstiger Produktionsprozess auf dem Fließband im Vordergrund stand. Dadurch konnte der Verkaufspreis gesenkt werden, und sein Automobil Ford »Modell T« wurde für einen Großteil der damaligen Bevölkerung erschwinglich. Eine Erfolgsgeschichte begann.

Die damaligen Verhältnisse ungesättigter Märkte mit wenigen Mitbewerbern treffen wir heute nur noch selten an. Fast genau 100 Jahre später orientieren sich Unternehmen mit ihrem Produktportfolio immer stärker an den Marktbedürfnissen und verursachen damit einen wachsenden Trend hin zu individualisierten Produkten. Das wiederum hat eine hohe Kundenorientierung, kurze Produktlebenszyklen und eine am Standardprodukt (z. B. schwarzes Auto) orientierte Preisgestaltung zur Folge.

Die Industrie des 21. Jahrhunderts steht vor neuen Herausforderungen. Einerseits erzeugt die Individualisierung eine höhere Vielfalt von Baugruppen in den Vorbaustufen. Andererseits ermöglichen digitalisierte Prozesse und Fertigungsverfahren, anders als zu Zeiten von Henry Ford, die Verfügbarkeit spezifizierter Produktausprägungen für die Massenproduktion. Oftmals steuert bei kleinen Losgrößen der eingehende Kundenauftrag die Produktion. Das ist für viele Unternehmen ein Paradigmenwechsel.

Diese Entwicklungen erfordern ein effizientes Management der Produktvarianz über den gesamten digitalen Produktlebenszyklus hinweg. Mit der Variantenkonfiguration bietet die SAP eine Schlüsselkomponente für Branchen, die auf individualisierte Produkte setzen. Sie wurde über Jahre hinweg optimiert und immer tiefer in die Geschäftsprozesse integriert.

Die *Advanced Variant Configuration* (kurz *AVC*) in SAP S/4HANA (Cloud und On-Premise) ersetzte 2017 die seit Jahren im Einsatz befindliche Produktmodellierung mit der Komponente LO-VC.

In diesem Buch lernen Sie, wie Sie in S/4HANA ein Produktmodell entwickeln und wie dieses die Prozesse in den verschiedenen Unternehmensbereichen unterstützt.

Anhand eines Beispielprodukts (Giovannis Pizza) werden exemplarisch die umfassenden Möglichkeiten der erweiterten Variantenkonfiguration in S/4HANA beschrieben.

Benutzer dieses Buches

Wir wollen mit diesem Buch den interessierten Lesern einen schnellen und praxisnahen Überblick über die wesentlichen Eigenschaften und Funktionen der Variantenkonfiguration in S/4HANA bieten.

Einsteiger

Einsteiger lernen die grundsätzlichen theoretischen Herausforderungen des Variantenmanagements kennen. Anhand eines Beispiels kann die Modellierung eines Produkts Schritt für Schritt nachvollzogen werden. Die Integration des Modells in die logistische und kaufmännische Prozesskette wird anhand des aufgebauten Modells anschaulich beschrieben.

Anwender

Anwender, die schon mit der Produktmodellierung in SAP ERP LO-VC vertraut sind, lernen neue Funktionalitäten der Modellierung der aktuellen Konfigurationsengine AVC mit S/4HANA kennen. Darüber hinaus haben wir sehr viele Best-Practice-Ansätze aufgeführt, die dem Anwender das Leben im Alltag erleichtern. Die Kapitel 6 und 7 enthalten gänzlich neue Funktionen, die es im LO-VC noch nicht gab.

Management

Für Entscheider, die mit dem Gedanken spielen, die SAP-Variantenkonfiguration in ihrem Unternehmen einzusetzen, bietet dieses Buch einen Überblick über die damit verbundenen operativen und strategischen Herausforderungen. Es zeigt auf, welche Möglichkeiten die SAP-Variantenkonfiguration bei der Schaffung neuer digitaler Geschäftsmodelle und der Erschließung weiterer Kunden und Märkte bietet.

Vorstellung des Inhalts

In Kapitel 1 befassen wir uns zunächst mit den Herausforderungen für die Organisation eines Unternehmens, insbesondere vor dem Hintergrund einer zunehmend digitalisierten Welt sowie den daraus resultierenden Anforderungen und technologischen Rahmenbedingungen.

Das Kapitel 2 liefert einen kurzen Abriss über die theoretischen Grundlagen des Variantenmanagements.

Die Beschreibung der Produktmodellierungsumgebung ist Bestandteil von Kapitel 3. Diese benötigen wir für den Aufbau des Fallbeispiels »Giovannis Restaurant«, für das wir Schritt für Schritt den Aufbau eines Variantenkonfigurationsmodells mit dem Releasestand S/4HANA On-Premise 1909 (OP1909) beschreiben. Das Fallbeispiel dient uns als Grundlage und Demonstrationsobjekt für die dann folgenden Kapitel. Weiteres Thema in Kapitel 3 ist die neu gestaltete Simulationsumgebung, mit der wir das angelegte Variantenmodell testen und analysieren können.

Die Integration des Variantenmodells in die Prozesslandschaft vom Kundenauftrag bis zum Fertigungsauftrag bzw. zur Bestellung zeigen wir in Kapitel 4.

In Kapitel 5 erfahren Sie, wie der tägliche Betrieb und die Wartung von Variantenmodellen aussehen kann.

In Kapitel 6 stellen wir die neuen, auf der HANA-Datenbanktechnologie basierenden Auswertungsmöglichkeiten vor, während wir in Kapitel 7 die Konfiguration außerhalb des S/4HANA-Systems konzeptionell erläutern.

Die Kapitel 8 und 9 enthalten Tipps für den Alltag und eine Sammlung weiterführender Informationsquellen.

Jedes dieser Kapitel ist mit umfangreichen Best-Practice-Empfehlungen aus unserer jahrelangen Praxiserfahrung versehen.

Für weiterführende Informationen werden Hinweise aus dem SAP Support Portal (*https://launchpad.support.sap.com/*) genannt. Ein Zugang zu dem System ist hilfreich, jedoch nicht Voraussetzung.

Persönliche Widmung

Rainer Neumann

»When we help ourselves, we find moments of happiness. When we help others, we find lasting fulfillment.« (Simon Sinek)

Ich möchte mich bei allen Menschen bedanken, die mich in meinem Leben inspiriert haben.

Besonders hervorheben möchte ich meinen Koautor Dieter Schraad sowie Martin Munzel und sein Team vom Verlag Espresso Tutorials, ohne die dieses Buch nicht möglich gewesen wäre.

An dieser Stelle danke ich außerdem meiner Familie, die es mir ermöglicht hat, in den letzten Monaten Freiräume für die Entwicklung dieses Buches zu finden.

Ich widme dieses Buch meinen Kindern Fee (8) und Tom (5). Mögt ihr in Eurem Leben ebenso gute Freundinnen und Freunde sowie Begleiter finden.

Dieter Schraad

Seit mehr als 20 Jahren nimmt die Variantenkonfiguration in meinem beruflichen Leben eine wichtige Rolle ein. Nun halten Sie, liebe Leser, mein erstes Buch hierzu in der Hand, an dem ich als Koautor mitwirken durfte.

Ich erinnere mich noch gerne an das erste Gespräch mit Rainer Neumann, an die »verrückte« Idee und freue mich, dass sie tatsächlich real geworden ist.

An dieser Stelle möchte ich mich vor allem bei Rainer Neumann und bei dem gesamten Team des Espresso-Tutorials-Verlages bedanken.

Jeder Leserin und jedem Leser wünsche ich, dass dieses Buch einen wertvollen Beitrag bei der Auseinandersetzung mit dem spannenden Thema der Variantenkonfiguration leisten möge.

In den Text sind Kästen eingefügt, um wichtige Informationen besonders hervorzuheben. Jeder Kasten ist zusätzlich mit einem Piktogramm versehen, das diesen genauer klassifiziert:

Hinweis

Hinweise bieten praktische Tipps zum Umgang mit dem jeweiligen Thema.

Beispiel

Beispiele dienen dazu, ein Thema besser zu illustrieren.

! Achtung

Warnungen weisen auf mögliche Fehlerquellen oder Stolpersteine im Zusammenhang mit einem Thema hin.

Übungsaufgabe

Übungsaufgaben helfen Ihnen, Ihr Wissen zu festigen und zu vertiefen.

Die Form der Anrede

Um den Lesefluss nicht zu beeinträchtigen, verwenden wir im vorliegenden Buch bei personenbezogenen Substantiven und Pronomen zwar nur die gewohnte männliche Sprachform, meinen aber gleichermaßen Personen weiblichen und diversen Geschlechts.

Hinweis zum Urheberrecht

Sämtliche in diesem Buch abgedruckten Screenshots unterliegen dem Copyright der SAP SE. Alle Rechte an den Screenshots hält die SAP SE. Der Einfachheit halber haben wir im Rest des Buches darauf verzichtet, dies unter jedem Screenshot gesondert auszuweisen.

1 Varianten als Herausforderung für die Organisation eines Unternehmens

Dieses Kapitel beschreibt Ihnen, warum die Variantenkonfiguration eine Schlüsselkomponente bei der Umsetzung von individuellen Kundenwünschen ist und welche Herausforderungen auf die einzelnen Ebenen der Aufbauorganisation in den Unternehmen warten können. Insbesondere vor dem Hintergrund der Digitalisierung entstehen neue Geschäftsmodelle, die bis in alle Bereiche der Unternehmensorganisation ausstrahlen.

In unserem Alltag begegnen uns immer mehr Produkte, die wir durch die Auswahl unterschiedlichster Eigenschaften nach unseren individuellen Wünschen ausprägen oder, anders gesagt, »konfigurieren« können.

Wir treffen auf solche Auswahlverfahren beim Coffeeshop nebenan genauso wie bei der Angebotserstellung für ein neues Auto oder andere technische Produkte im Internet. Diese Individualisierung wird zum Erfolgsrezept – beispielsweise von Coffeeshops, die dem Kunden mit einer Vielzahl von Kaffeevariationen eine nie da gewesene Bandbreite an Geschmacksoptionen anbieten. Durch ein Auswahlverfahren, mündlich oder systemunterstützt, werden wir zu einem für uns persönlich zusammengestellten Produkt geführt.

Je mehr Optionen bzw. je komplexer das Produkt, desto besser muss der Kunde durch diesen Angebots- oder Bestellprozess geführt werden.

Die Digitalisierung bringt es mit sich, dass der Mensch mit Hard- und Software in einer immer komplexeren Beziehung stehen wird. Intelligente Produkte werden oft mit *Embedded Software* ausgeliefert, mit deren Hilfe einzelne Funktionen individuell konfiguriert und *enabled* werden können. Das stellt die IT-Architekten vor die Herausforderung neuer Integrationsansätze, bei denen cloudbasierte Systeme im Mittelpunkt stehen.

Die Erfahrungen der Vergangenheit haben gezeigt, dass die Variantenkonfiguration eine disruptive Technologie ist – sie bewirkt, dass Wettbewerber, die aufgrund der Diversifizierung nicht mehr kostendeckend produzieren oder einkaufen können, es schwer haben, sich am Markt zu behaupten. Denn nicht nur das kundenseitige Angebot, sondern auch die kaufmännische und logistische Verwaltung der Produktvarianz haben Einfluss auf den Erfolg. Beispielsweise müssen die unterschiedlichen Varianten und Baugruppen dem voraussichtlichen Bedarf entsprechend am Lager bevorratet werden.

In Abbildung 1.1 sehen Sie typische Kundenanforderungen, mit denen ein Unternehmen konfrontiert ist.

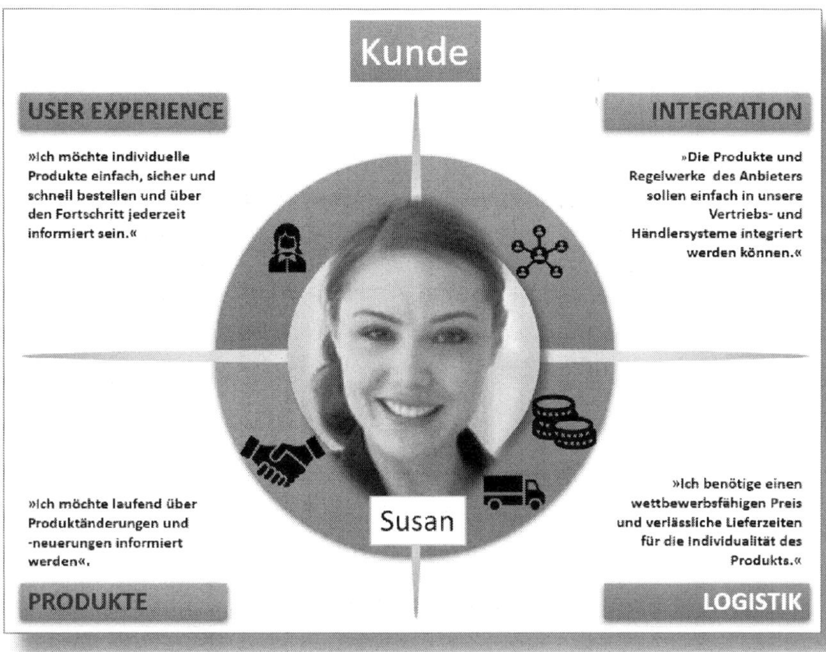

Abbildung 1.1: Anforderungen seitens des Kunden

Die Abwicklung individueller Produkte stellt die unterschiedlichen Organisationseinheiten eines Unternehmens vor neue Herausforderungen. In Abbildung 1.2 bis Abbildung 1.5 beschreiben wir exemplarisch, welche das für die verschiedenen betroffenen Bereiche sind.

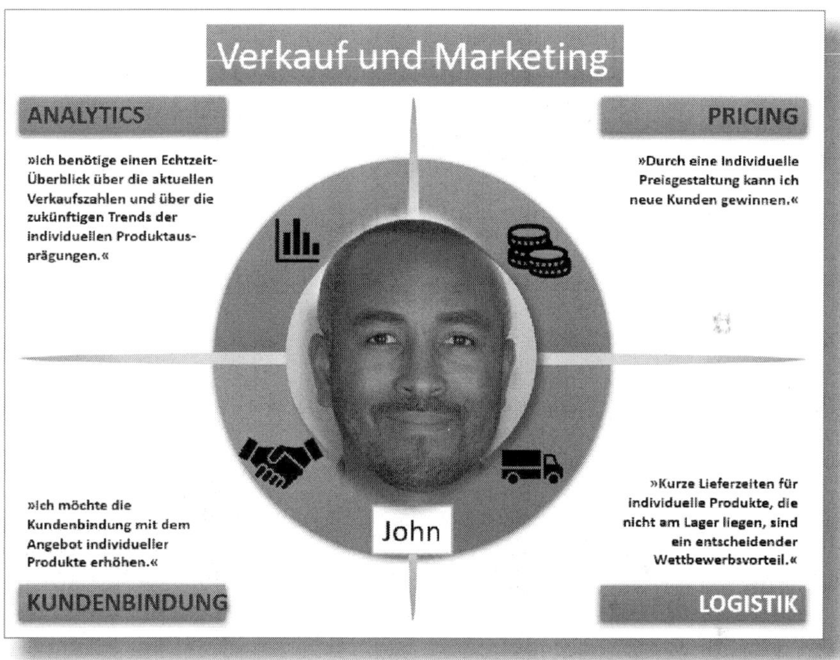

Abbildung 1.2: Herausforderungen im Verkauf und Marketing

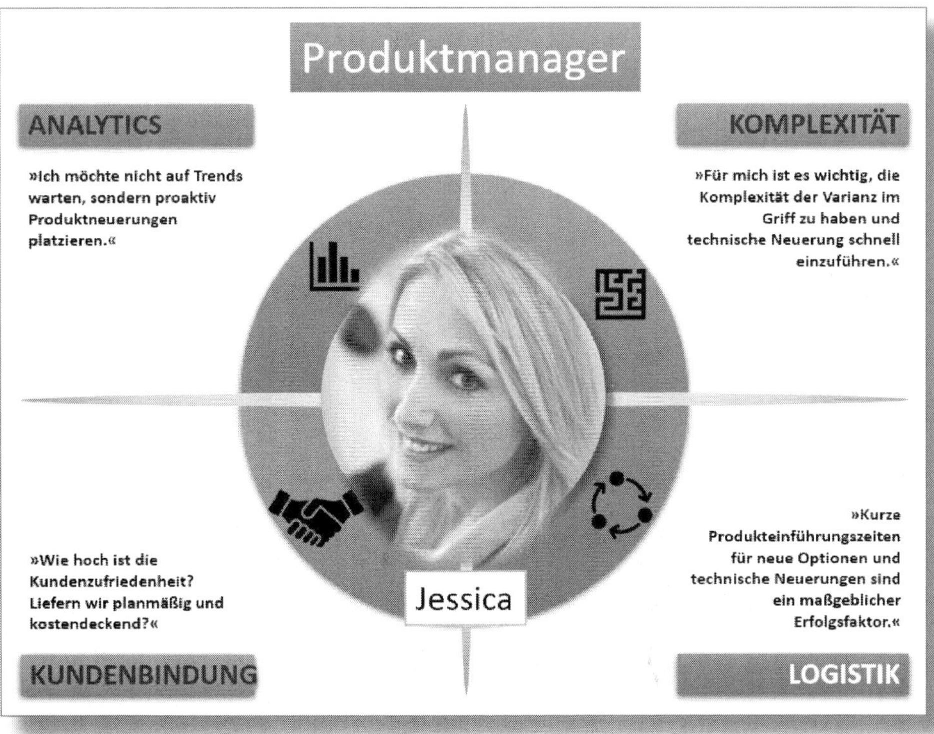

Abbildung 1.3: Herausforderungen für den Produktmanager

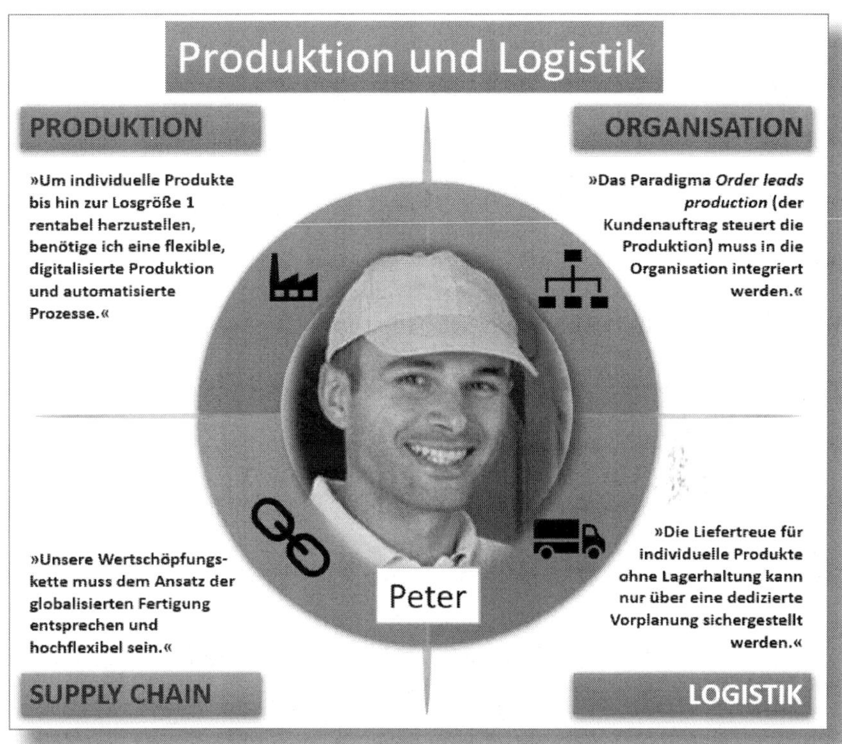

Abbildung 1.4: Herausforderungen in der Produktion und Logistik

Abbildung 1.5: Herausforderungen für die IT und die Digitalisierung

Digital Configuration Lifecycle Management

Die Variantenkonfiguration betrifft neben den Organisationseinheiten fast alle im Unternehmen eingesetzten Systeme und Plattformen, und das in allen Phasen des Produktlebenszyklus (mittlerer Kreis). Einen beispielhaften Zusammenhang stellen wir im Folgenden vor (siehe Abbildung 1.6).

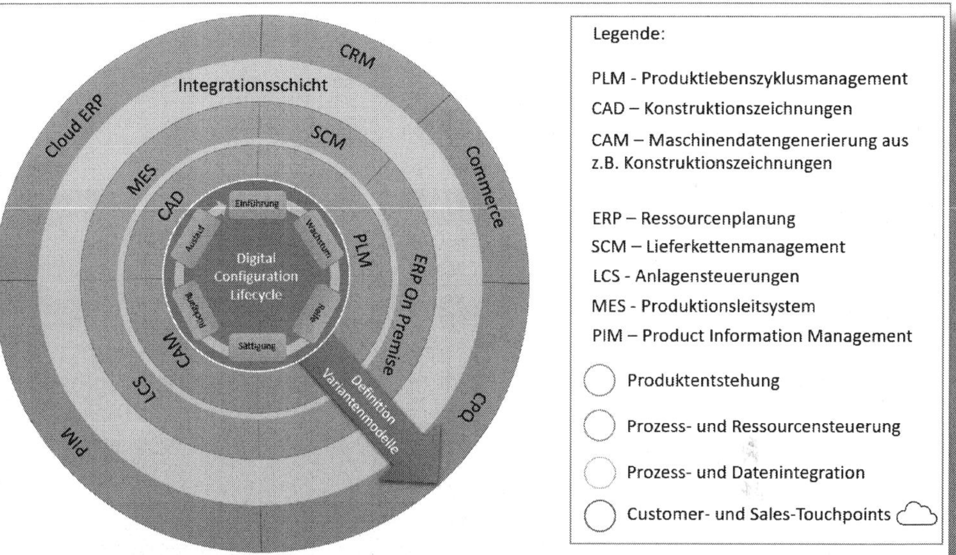

Abbildung 1.6: Digital Configuration Lifecycle Management – Systeme und Plattformen

Das **Variantenmodell** entsteht in der Produktentwicklung, z. B. durch Kombination von CAD-Zeichnungen und der Produktstruktur im PLM-System. Hier bietet das Modul SAP PLM (Bestandteil von S/4HANA On-Premise) das Werkzeug »integriertes Produkt- und Prozess-Engineering (iPPE)« an. Dessen Einsatz hat den Vorteil, dass Sie das PLM-Variantenmodell leicht in das AVC-Variantenmodell in **ERP On-Premise** (z. B. S/4HANA On-Premise) überführen können. Seit 2020 arbeiten die Unternehmen SAP und Siemens an einer integrierten Lösung für ein durchgängiges Produkt- und Asset-Lifecycle-Management. Man darf auf die Ergebnisse dieser Zusammenarbeit gespannt sein.

Der Einsatz der Variantenkonfiguration hat außerdem Einfluss auf Ihre **MES-** und **LCS**-Systeme. Dort muss eine materialnummernbasierte Verfahrensweise auf eine merkmalbasierte Technik umgestellt werden.

Die **Integrationsschicht** (z. B. SAP Business Technology Platform (BTP)) verbindet die Systeme der Produktentstehung und der Prozesssteuerung sowie Ihre Inhouse-Backend-Systeme mit den cloudbasierten Systemen. Wie die Integration Ihres Konfigurationsmodells in die Cloud-Lösungen aussehen kann, beschreiben wir in Kapitel 7.

Ihr **PIM**-System muss ebenfalls mit merkmalbasierten Informationen umgehen können, und der Produktkatalog des PIM-Systems muss sich im **Commerce**- und **CPQ**-System einbinden lassen.

Die Definition der Variantenmodelle geschieht über die Systeme PLM, ERP und CPQ. Das CPQ-System kann Ihre im Backend entstandenen AVC-Modelle erweitern oder sogar eigene Variantenmodelle beinhalten.

2 Einführung in das Variantenmanagement

Bevor die Variantenkonfiguration in ein Unternehmen Einzug hält, sollten, unabhängig von der eingesetzten Software, grundsätzliche Überlegungen und Zielkonflikte über alle Unternehmensbereiche hinweg offen angesprochen werden. Dieses Kapitel liefert dazu einen kurzen theoretischen Unterbau.

2.1 Komplexitätsmanagement

Komplexität wird von uns zunächst negativ wahrgenommen. Dabei bringt ein technisches Produkt mit einer Vielzahl an auswählbaren Optionen per Definition eine hohe Komplexität mit sich, die ein Angebot aufgrund der ausgeprägten Individualisierbarkeit besonders attraktiv macht.

Die Herausforderung liegt darin, das richtige Maß an Komplexität zu finden. Da davon alle Unternehmensbereiche mehr oder weniger betroffen sind, ist ein bereichsübergreifendes Management der angebotenen Variantenvielfalt erforderlich.

Dabei ergeben sich unter Umständen Zielkonflikte.

Zielkonflikt

Neue Varianten eines Produkts können zwar die Kundenbindung erhöhen und den Umsatz steigern, auf der anderen Seite aber unter Umständen nicht kostendeckend produziert oder beschafft werden.

Ein weiterer Faktor, der neben der Variantenvielfalt ebenso zur Komplexität beiträgt, sind die unterschiedlichen Vertriebskanäle (z. B. Großhändler, Einzelhändler) und Verkaufsorganisationen (z. B. Anzahl der zu beliefernden Länder).

Mögliche Komplexitätsfallen sind:

- Die Kosten für die Einführung neuer, eventuell kundenindividueller Varianten werden leicht unterschätzt. Dabei wird oftmals ein zu kurzfristiger Zeithorizont betrachtet.
- Der für eine neue Variante zu erwartende Umsatz wird überschätzt.
- Die Bereinigung von nicht mehr rentablen Varianten unterbleibt.
- Produktnischen als Abgrenzung gegenüber dem Wettbewerber werden überschätzt.
- Häufig werden neue Varianten nur aufgrund des Angebots von Mitbewerbern ins Leben gerufen.

Der zusätzliche Nutzen eines Produkts nimmt mit steigender Variantenvielfalt überproportional ab, während die Kosten gleichzeitig progressiv ansteigen (siehe Abbildung 2.1). Hier zeigt sich der schmale Korridor, in dem der Komplexitätsgrad in einem ausgewogenen Verhältnis zum Aufwand steht.

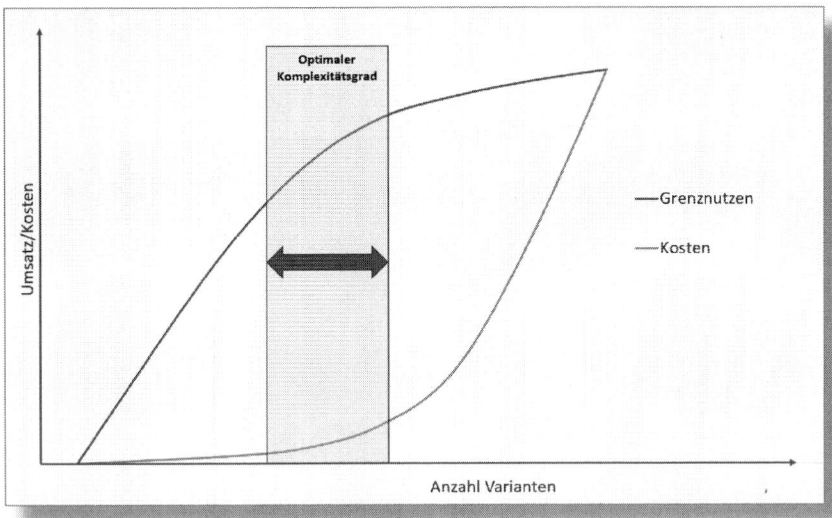

Abbildung 2.1: Optimaler Komplexitätsgrad

Das lässt sich in der Theorie eindeutig und logisch veranschaulichen. In der Praxis zeigt sich jedoch, dass die Aufnahme neuer Varianten in das Produktspektrum immer wieder Gegenstand kontroverser Diskussionen ist. Hier besteht die Problematik, dass die durch eine neue Varianz entstehenden Kosten zum großen Teil die Gemeinkosten belasten und somit nicht eindeutig dem Verursacher zuzuordnen sind. Damit kommt es zu einer Quersubventionierung.

Des Weiteren beobachtet man in gesättigten Märkten, dass neue Produktvarianten nicht zwingend zu zusätzlichen Marktanteilen führen. Im selben Maß, in dem neue Produktvarianten hinzukommen, verringert sich der Anteil der bereits existierenden, sodass sich am Ende durch die Einführung kein positiver Effekt einstellt.

Buchempfehlung

Ausführliche Hinweise zum Management der Produktkomplexität erhalten Sie in dem Buch »Produktkomplexität managen« (Schuh/Riesener, Hanser Verlag, 3. Auflage 2018).

2.2 Fertigungsprinzipien

Fertigungsprinzipien beschreiben auf der einen Seite, wie der Beschaffungs- und Produktionsprozess initiiert wird, und auf der anderen Seite, welche Auswahl im Konfigurator angeboten und wie vollständig das Produkt ausgeprägt wird.

1. *MTS – Make-to-Stock:* Die Planung und die Produktion können durch einen eintreffenden Kundenauftrag ausgelöst werden (siehe PTO, MTO, CTO/ATO, ETO weiter unten). Oft möchte man jedoch bereits ausgeprägte Varianten am Lager bevorraten und den Beschaffungsprozess über einen Prognosebedarf oder ein Unterschreiten von Mindestbeständen in Gang setzen. Dieses Vorgehen mit jeweils einem individuellen Materialstammsatz je Merkmalsausprägung wird als »Make-to-Stock« (MTS) bezeichnet (Details siehe Abschnitt 4.2).

2. *PTO – Pick-to-Order:* Endausgeprägte Produkte werden ausgewählt und können vollständig konfiguriert am Lager liegen oder disponiert werden. Das gewählte Produkt kann auch das Ergebnis einer Konfiguration sein.
3. *MTO – Make-to-Order:* Die endausgeprägten Produkte müssen produziert werden, sobald der Kundenauftrag vorliegt.
4. *CTO – Configure-to-Order:* Die Ausprägung des Produkts geschieht erst im Rahmen des Kundenauftrags mithilfe von definierten Regeln und Optionen, die sicherstellen, dass nur technisch machbare Kombinationen auswählbar sind. Demnach handelt es sich hierbei um eine spezielle Art des MTO. Die Einzelkomponenten können als Baugruppen in den Vorbaustufen vorgefertigt werden. Das Vorgehen ist Bestandteil des Fallbeispiels im Abschnitt 4.1.
5. *ATO – Assemble-to-Order:* Ähnlich wie CTO, jedoch werden hier vorgefertigte Komponenten und deren Kombinationsmöglichkeiten untereinander abgeglichen.
6. *ETO – Engineer-to-Order* : Der Kundenwunsch kann durch den CTO-Prozess nicht vollständig beschrieben werden. Die Lösung ist also im Konfigurator nicht vorgedacht und muss daher in einem nachfolgenden Klärungs- und Konstruktionsprozess weiter spezifiziert werden.

2.3 Innere und äußere Varianz

Man bezeichnet die dem Kunden angebotenen Produktvarianten als *äußere Varianz*. Einflussgrößen sind das bestehende Produktportfolio der Mitbewerber, die Unternehmensstrategie, Markteinflüsse sowie einzuhaltende Normen und Gesetze.

Demgegenüber werden unter *innerer Varianz* die zur Realisierung der äußeren Varianz benötigten Baugruppen und -varianten verstanden. Sie wird maßgeblich von der Produktgestaltung beeinflusst.

Das übergeordnete Ziel des Produktdesigns und der Konstruktion neuer Produktvarianten ist es daher, mit einer möglichst geringen inneren Varianz dem Kunden eine größtmögliche externe Varianz zur Verfügung zu stellen.

3 Produktmodellierung

Wie wird ein Produkt konkret als konfigurierbares Material im SAP-S/4HANA-System abgebildet? Die Antwort auf diese Frage erhalten Sie hier anhand eines Fallbeispiels.

Die Produktmodellierung beschreibt die Stammdatenstruktur und den Aufbau des Regelwerks. Beides muss vorausschauend so aufgebaut werden, dass spätere Änderungen und Erweiterungen ohne Probleme integriert werden können.

3.1 Objekte eines Konfigurationsmodells

Abbildung 3.1 stellt den schematischen Aufbau eines typischen Variantenmodells dar. Daran werden wir Ihnen zunächst kurz die einzelnen Objekte eines solchen Modells – im Vorgriff auf unser Fallbeispiel mit Praxisbezug – erläutern und wie diese zusammenhängen.

High-Level-Modell

Als *High-Level-Modell* (linker Bereich in Abbildung 3.1, siehe auch Abschnitt 3.4) bezeichnet man den Teil des Modells, der abläuft, wenn interaktiv konfiguriert wird, z. B. die Bewertung von Merkmalen durch den Anwender in einem Vertriebsbeleg.

Der *konfigurierbare Materialstamm* ❶ ist Ausgangspunkt der Betrachtungen. Die Materialnummer wird z. B. in einem Vertriebsbeleg als Position erfasst. Der konfigurierbare Materialstamm ist mit einem *Konfigurationsprofil* ❷ verknüpft. Das Konfigurationsprofil enthält die *Merkmale* ❸ und *Merkmalwerte* ❹, mit denen das konfigurierbare Material weiter beschrieben werden soll. Die Merkmale sind in *Klassen* ❺ gruppiert. Die Klassen können als *Klassenhierarchie* strukturiert werden (siehe Klassen »Gerichte« und »Zutaten«). Die übergeordneten Klassen ❻ vererben ihre Merkmale ❼ auf die unteren Stufen der Klassenhierarchie.

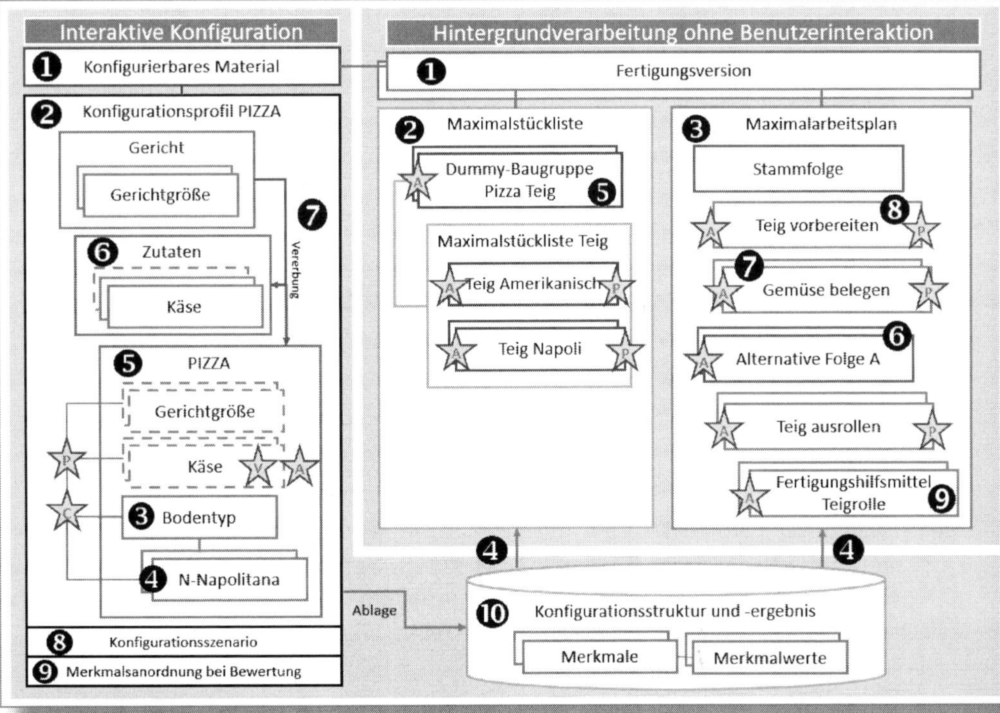

Abbildung 3.1: Objekte eines Konfigurationsmodells und deren Zusammenhänge

Dem Konfigurationsprofil ist **Beziehungswissen** zugeordnet, das die logischen Abhängigkeiten zwischen Merkmalen und Merkmalwerten sicherstellt. So kann beispielsweise bei der Auswahl einer Pizza Margherita die Eingabe von »Fleischbelag« unterbunden werden. Weiterhin können automatisch Merkmalwerte hergeleitet werden, z. B. bei Auswahl einer Gerichtsgröße M-Mittel der Pizzadurchmesser 28 cm. Dazu können *Constraints* oder *Prozeduren* verwendet werden (siehe Abschnitt 3.4.5). Eine weitere Aufgabe des Beziehungswissens ist die Eingabesteuerung der Merkmale. Soll z. B. die Eingabe des Merkmals »Fleischbelag« bei einer Pizza Margherita ungültig sein, kann man dafür *Vorbedingungen* am Merkmal benutzen. Eine weitere Steuerungsmöglichkeit besteht darin, Merkmale, die unter gewissen Konstellationen bewertet werden müssen, mit einer *Auswahlbedingung* zu versehen.

Am Konfigurationsprofil lässt sich darüber hinaus das *Konfigurationsszenario* ❽ (siehe Fertigungsprinzipien in Abschnitt 2.2) einstellen. Für die Anordnung und Sortierung der Merkmale auf der Bewertungsoberfläche kann am Konfigurationsprofil eine Merkmalgruppe bzw. eine Merkmalsanordnung ❾ benannt werden.

Mit dem Speichern des Vertriebsbelegs wird zur Belegposition das Konfigurationsergebnis in Form der Konfigurationsstruktur sowie der bewerteten Merkmale und Merkmalwerte in definierten Tabellen (sogenannte *IBASE*) im S/4HANA-System abgelegt ❿.

Der Aufbau eines High-Level-Modells wird in Abschnitt 3.4 detailliert beschrieben.

Low-Level-Modell

Mit dem *Low-Level-Modell* (rechts in Abbildung 3.1, siehe auch Abschnitt 3.5) ist der Teil des Modells gemeint, der im Hintergrund ohne Benutzerinteraktion prozessiert wird. Die Auflösung des Low-Level Modells erfolgt z. B. bei der Kundenauftragskalkulation im Kundenauftrag, im Bedarfsplanungslauf oder bei der Erstellung eines Fertigungsauftrags. Welcher Maximalarbeitsplan und welche Maximalstückliste des konfigurierbaren Materials zum Tragen kommen, wird über die *Fertigungsversion* ❶ bestimmt.

Die *Maximalstückliste* ❷ enthält jegliche Komponenten, die zur Fertigung aller möglichen Merkmalsausprägungen benötigt werden. Gerne werden Dummy-Baugruppen ❺, die wiederum ihre eigene Maximalstückliste haben, zur Strukturierung der Stücklisten verwendet.

Das Low-Level-Modell bedient sich aus dem in der Datenbank abgelegten Konfigurationsergebnis ❹, auf das er in zugeordnetem Beziehungswissen verweisen kann. Zum Beispiel soll die Stücklistenposition »Teig Napoli« ausgewählt werden, wenn der Benutzer in der interaktiven Konfiguration das Merkmal »Bodentyp« mit dem Wert »N-Napoli« bewertet hat. Hierzu kann wie im High-Level-Modell eine Auswahlbedingung ☆ an der Stücklistenposition genutzt werden. Ein weiterer Anwendungsfall ist die Herleitung von Positionsmengen. So wird die Menge des Teigs in Gramm der Stücklistenposition »Teig Napoli« je nach bewerteter Gerichtsgröße in der interaktiven Konfiguration hergeleitet. Hierzu verwendet man wiederum Prozeduren ☆P.

Der *Maximalarbeitsplan* ❸ beinhaltet alle Folgen, Vorgänge und Fertigungshilfsmittel, die zur Herstellung aller Merkmalsausprägungen notwendig sind. Auch hier kann wie bei der Maximalstückliste auf das in der Datenbank abgelegte Konfigurationsergebnis ❹ der Vertriebsbelegposition zurückgegriffen werden.

Alternative Folgen ❻ des Arbeitsplans können mit Auswahlbedingungen ☆A ab- oder ausgewählt werden. Der Arbeitsvorgang »Gemüse belegen« kann z. B. bei einer Pizza Margherita entfallen ❼ (mittels Auswahlbedingung ☆A). Die Zeit für den Arbeitsvorgang »Teig vorbereiten« fällt z. B. beim Teig »Napoli« geringer aus als beim dickeren Teig »Amerika« ❽ (mittels Prozedur ☆P). Die Fertigungshilfsmittel zum Arbeitsvorgang, wie die Teigrolle ❾, können ebenfalls mit einer Auswahlbedingung ☆A ab- oder ausgewählt werden.

Wobei hier erwähnt werden sollte, dass die Teigrolle nicht immer als Fertigungshilfsmittel verfügbar ist, da sie bisweilen von Giovannis Mama anderweitig eingesetzt wird. Ob es dafür eine eigene Auswahlbedingung »Mama hat einen schlechten Tag« gibt, bleibt an dieser Stelle offen ...

3.2 Fallbeispiel Giovannis Restaurant

In diesem Fallbeispiel soll es um einen pragmatischen Aufbau eines Variantenkonfigurationsmodells in SAP S/4HANA gehen, anhand dessen man das Themenfeld schnell und einfach erschließen kann. Dabei wird der Tatsache Rechnung getragen, dass die Modellierer in der Regel über ausgezeichnetes Produkt-Know-how verfügen, aber nicht unbedingt gleichzeitig Softwareentwickler mit Kenntnissen in der Objektorientierung sind.

Als Beispiel dient uns ein italienisches Restaurant, weil wir davon ausgehen, dass viele Leser mit den dort angebotenen Produkten vertraut sein werden. Somit können wir auf eine einführende theoretische Beschreibung verzichten, die ein technisches Produkt erfordern würde.

Im ersten Schritt legen wir fest, welche Bestandteile der Speisekarte konfigurierbar sein, also durch Merkmalwerte beschrieben werden sollen. Ob eine Kategorie konfigurierbar ist, hängt im Wesentlichen davon ab, wie viele Variationen angeboten werden.

Giovannis Speisekarte sieht die in Tabelle 3.1 aufgeführten Kategorien vor:

Kategorien deutsch	Kategorien italienisch	Anzahl Gerichte	Konfigurierbar
Vorspeisen	Antipasti	10	Nein
Suppe	Zuppa	8	Nein
Pizza	Pizza	112	Ja
Nudelgerichte	Pasta	89	Ja
Salat	Insalata	8	Nein
Fischgerichte	Pesce	3	Nein
Fleischgerichte	Carne	5	Nein

Tabelle 3.1: Kategorien Giovannis Speisekarte

Aus den Kategorien leiten sich nun die konfigurierbaren Objekte ab. Die Varianz bei Fischgerichten ist sehr klein. Zudem kauft Giovanni lediglich drei unterschiedliche Sorten Fisch ein, brät und würzt ihn, verändert den zugekauften Fisch demnach kaum. Also können wir die Kategorie »Fischgerichte« mit drei einzelnen Artikelnummern abdecken.

Im Vergleich dazu hat die Kategorie »Pizza« 112 Standardvarianten. Giovanni stellt die Pizza selbst her und kauft nur die rohen Zutaten ein. Er könnte also in Zukunft mit wenig Aufwand weitere Varianten auf den Markt bringen und darüber hinaus den Kunden einen individuellen Zusatzbelag wie Artischocken oder Anchovis anbieten. Auf der anderen Seite benötigt der Kunde eine Möglichkeit, seine Pizza aus der Vielzahl an angebotenen Zutaten einfach und sicher zu konfigurieren.

Im Anschluss an die Definition der zu konfigurierenden Objekte identifizieren wir deren jeweils zu beschreibende Merkmale und Merkmalwerte (siehe Tabelle 3.2).

Kategorie	Technisches Merkmal/ Merkmalsbezeichnung	Format	Einheit	Werte
Pizza	VC_DIAM/Durchmesser	NUM 2	cm	26 28 33
	VC_BTYPE/Bodentyp	CHAR 1	-	N-Napolitana A-Amerikanisch V-Vollkorn
	VC_CHEESE/Käse	CHAR 1	-	E-Emmentaler D-Edamer G-Gouda M-Mozzarella Z-Gorgonzola
	VC_TOPMEAT/ Fleischbelag	CHAR 1	-	S-Salami B-Speck H-Schinken C-Hähnchenfleisch
	VC_TOPVEG/Obst/ Gemüse	CHAR 2	-	A-Ananas O-Zwiebeln M-Mais T-Tomaten C-Champignons B-Brokkoli S-Spargel E-Erbsen
	VC_SPICE/Gewürz	CHAR 1		B-Basilikum O-Oregano R-Rosmarin T-Thymian
Nudeln	VC_PASHAPE/Nudelform	CHAR 2		S-Spaghetti T-Tagliatelle R-Rigatoni TO-Tortellini G-Gnocchi

Kategorie	Technisches Merkmal/ Merkmalsbezeichnung	Format	Einheit	Werte
	VC_TOPVEG/Obst/ Gemüse	CHAR 2	-	O-Zwiebeln M-Mais T-Tomaten C-Champignons B-Brokkoli S-Spargel AR-Artikschocken E-Erbsen
	VC_CHEESE/Käse	CHAR 1	-	E-Emmentaler D-Edamer G-Gouda M-Mozzarella Z-Gorgonzola
	VC_SAUCE/Sauce	CHAR 1		F-Fleisch T-Tomaten C-Käsesauce

Tabelle 3.2: Beschreibende Merkmale und Merkmalwerte

Wie Sie sehen, gibt es Merkmale wie »Käse«, die mit allen Ausprägungen sowohl in der Kategorie »Nudeln« als auch in »Pizza« enthalten sind. Andere Merkmale gelten nur für eine Kategorie, wie das Merkmal Durchmesser in der Kategorie »Pizza«. Ist es da nicht sinnvoll, das Merkmal »Käse« in einer übergeordneten *Klasse* zu definieren (siehe Abbildung 3.2)?

Wir haben also eine neue Klasse »Zutaten Gerichte« eingeführt. Dieser Klasse sind die Merkmale »Käse« und »Obst/Gemüse« zugeordnet. Mit der Vererbung der Klasse »Zutaten Gerichte« auf die Klasse »Nudeln« und »Pizza« werden die Merkmale und Merkmalwerte entsprechend mitvererbt. Die Definition des Merkmals und der Merkmalwerte geschieht ausschließlich zentral in der Klasse »Zutaten Gerichte«. Hierbei ist allerdings zu beachten, dass alle Merkmalwerte von der Oberklasse an die Unterklassen vererbt werden, also auch der für die Klasse »Nudeln« nicht gültige Wert des Merkmals »Obst/Gemüse«–»A-Ananas«. Wie wir diesen Wert nur für »Pizza« verfügbar machen, können wir über Variantentabellen in Verbindung mit *Constraints* realisieren (siehe Abschnitt 3.4.5).

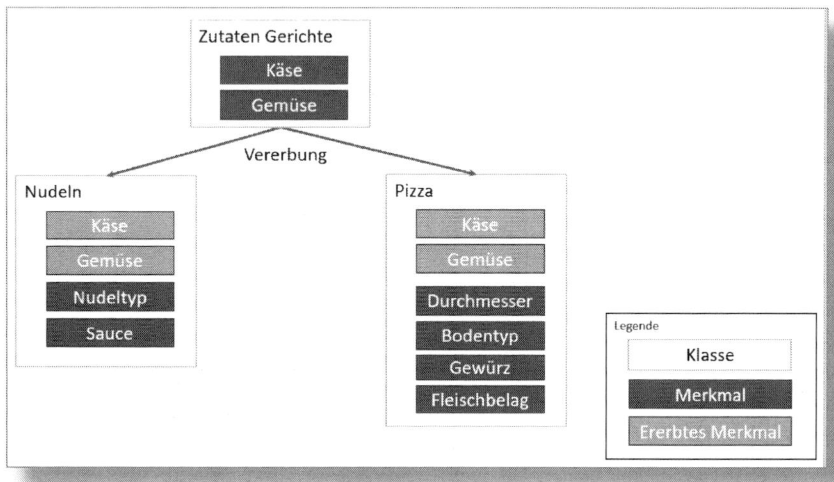

Abbildung 3.2: Einstufige Klassenhierarchie

Auf den ersten Blick mag der Vorteil dieser objektorientierten Herangehensweise nicht erkennbar sein. Lassen Sie uns diesen an einem Beispiel erläutern: Nehmen wir an, wir wollen gewisse Kombinationen aus »Käse« und »Obst/Gemüse« ausschließen, weil sie nicht schmackhaft sind. Dann würde es genügen, eine Funktion nur einmal auf der Ebene »Zutaten Gerichte« zu installieren; diese Funktion wäre für alle abhängigen Unterklassen verfügbar. Darüber hinaus ließen sich die Merkmalwerte und Funktionen für neue Objekte durch Vererbung einfach zugänglich machen.

Denkbar wäre außerdem eine Erweiterung der bisher einstufigen Hierarchie um eine Hierarchiestufe mit einer übergeordneten, für alle Gerichte gültigen Merkmalbewertung. Das könnte etwa die »Größe« des Gerichts mit den Werten »L-Groß«, »M-Mittel«, »S-Klein« sein (siehe Abbildung 3.3).

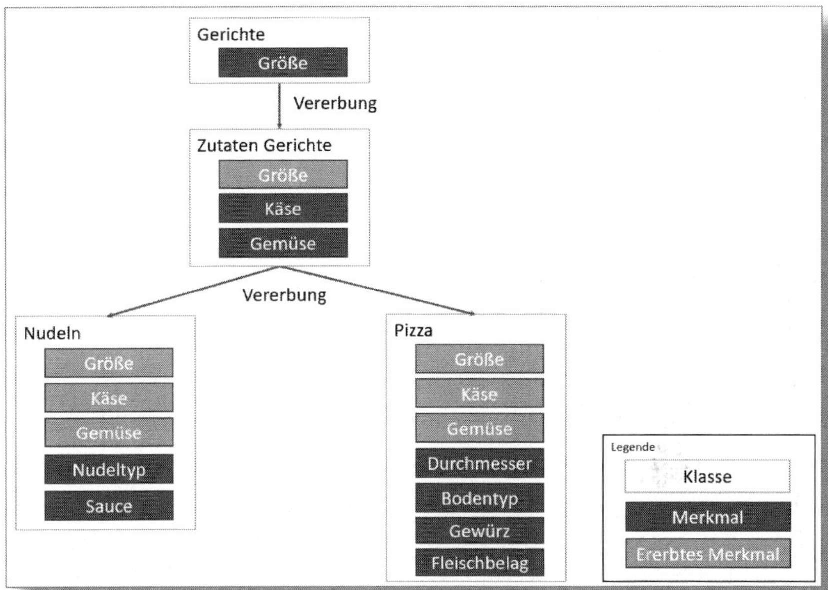

Abbildung 3.3: Mehrstufige Klassenhierarchie

Wie viele konfigurierbare Objekte legen wir in diesem Fall an? Im vorliegenden Beispiel wäre es sinnvoll, in der untersten Hierarchieebene jeweils eins für »Nudelgerichte« und für »Pizza« anzulegen. Im weiteren Verlauf wollen wir uns das konfigurierbare Objekt »Pizza« genauer anschauen.

👉 Modell-Design mit Experten entwickeln

Die Abbildung mit Klassenhierarchien ist nicht immer sinnvoll. Im Projekt sollte das Design mit erfahrenen Beratern entwickelt werden. Spätere Änderungen sind sehr aufwendig und machen ein Modell oft komplex und unübersichtlich.

3.3 Produktmodellierungsumgebung

Mit der Fiori-App »VC-Modellierungsumgebung« stellt die SAP eine zentrale Anwendung zur Pflege von Variantenkonfigurationsmodellen zur Verfügung. Die App kann sowohl für die alte Engine LO-VC als auch für die neue Engine AVC verwendet werden. Welche der beiden ausgewählt wird, legen Sie am Konfigurationsprofil fest (siehe Abschnitt 3.4.4). Die VC-Modellierungsumgebung bündelt eine Vielzahl an Funktionen unterschiedlicher Apps. Das bedeutet, dass Sie Objekte wie z. B. Merkmale alternativ über die bekannte App »Merkmale verwalten« oder über die VC-Modellierungsumgebung pflegen können.

Nachfolgend stellen wir Ihnen die Arbeitsbereiche dieser App vor.

Weiterentwicklungen der Modellierungsumgebung

Die VC-Modellierungsumgebung wird fortwährend durch die SAP weiterentwickelt. Bitte informieren Sie sich im SAP ONE Support Launchpad (https://launchpad.support.sap.com) unter der Komponente LO-VC-PME.

3.3.1 Einstiegsbildschirm

Nach dem Aufruf der Fiori-App gelangen Sie auf den Einstiegsbildschirm (siehe Abbildung 3.4).

Im Feld MATERIAL geben Sie den Namen *Pizza* als »Nummer« des konfigurierbaren Materials ein. Als DATUM wird das aktuelle Tagesdatum vorgeschlagen. Wenn Sie das Modell mit einer ÄNDERUNGSNUMMER pflegen möchten, können Sie diese eintragen. Mit anschließendem Klick auf [↵] wird das Gültig-ab-Datum der Änderungsnummer automatisch in das Datumsfeld übertragen (siehe Abschnitt 5.2). Füllen Sie die Felder wie in Abbildung 3.4 aus. Mittels [↵] gelangen Sie in die Konfigurationsübersicht (siehe Abbildung 3.5).

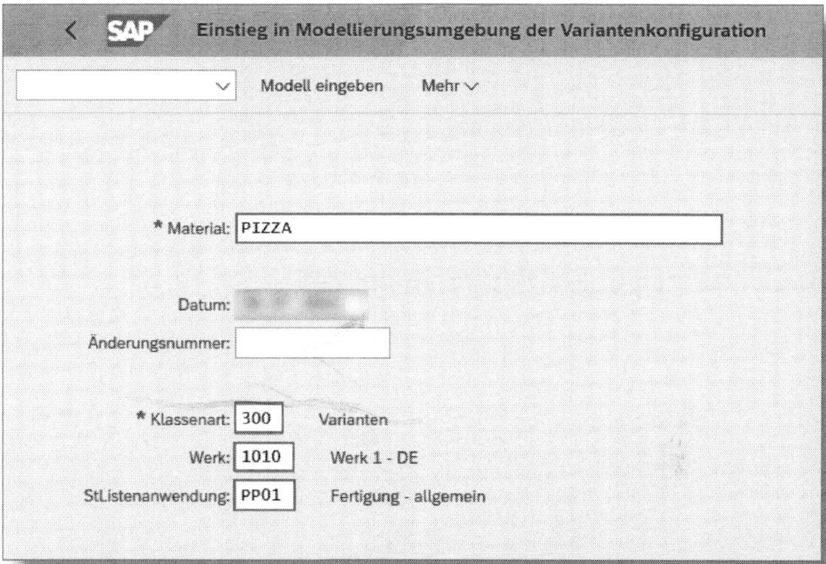

Abbildung 3.4: Einstieg in die Modellierungsumgebung

! Aufruf von Sperrobjekten

Nach dem Aufruf des konfigurierbaren Materials werden das Material und dessen Konfigurationsobjekte nicht sofort gesperrt. Es können also mehrere SAP-User parallel an einem Konfigurationsmodell arbeiten. Die Objekte werden erst bei einer Änderung gesperrt.

☛ Nutzung des Kontextmenüs

Sie öffnen das Kontextmenü, indem Sie mit der rechten Maustaste auf ein Objekt klicken. Dabei können Sie eine Vielzahl von hilfreichen Funktionen entdecken, die zu dem ausgewählten Objekttyp zur Verfügung stehen.

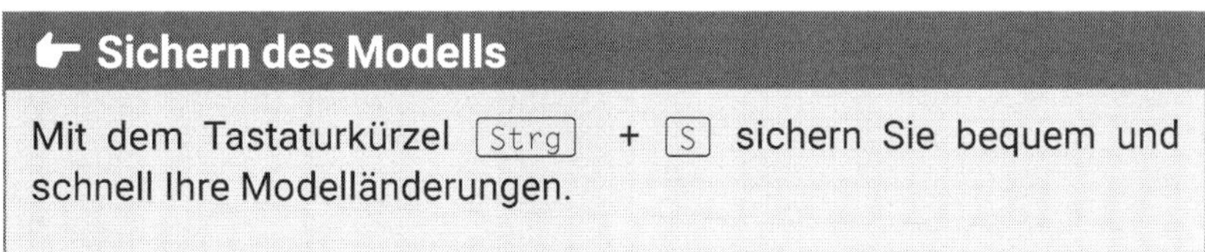

Sichern des Modells

Mit dem Tastaturkürzel [Strg] + [S] sichern Sie bequem und schnell Ihre Modelländerungen.

3.3.2 Übersicht Konfigurationsmodell

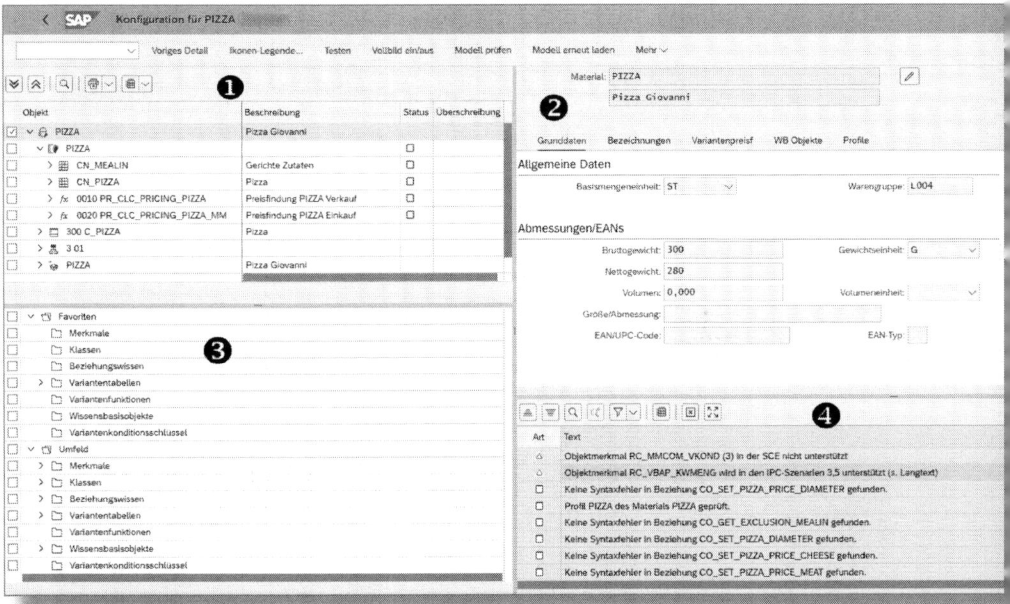

Abbildung 3.5: Übersicht Konfigurationsmodell

Die Übersicht ist in vier Bildschirmbereiche aufgeteilt:

- **Konfigurationsstruktur (❶ in Abbildung 3.5):**

In Abbildung 3.6 sehen Sie in der Spalte OBJEKT ❶ die technischen Namen der angelegten Objekte und unter BESCHREIBUNG ❷ deren sprachabhängige Bezeichnung.

Die in der Spalte STATUS ❸ gezeigte Ampelfunktion kann drei Werte annehmen:

- Grün = Objekt ist freigegeben
- Gelb = Objekt ist in Erstellung
- Rot = Objekt ist gesperrt

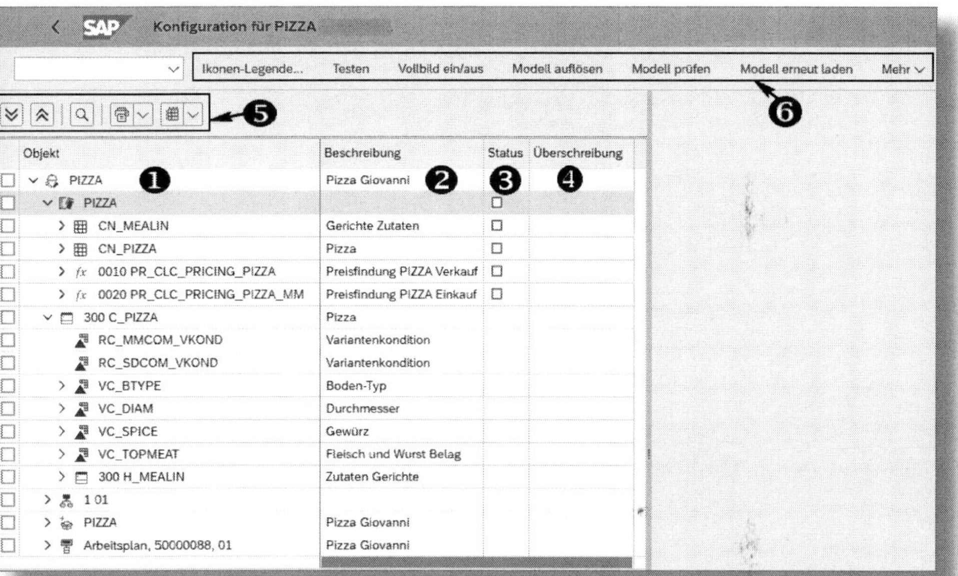

Abbildung 3.6: Konfigurationsmodell – Struktur

Bitte berücksichtigen Sie, dass die Statusinformation nur für die Objekte *Konfigurationsprofil* und *Beziehungswissen* verfügbar ist.

Layout der Konfigurationsstruktur

Falls Sie die Spalte STATUS nicht sehen, ziehen Sie die vertikale Fensterbegrenzung so weit nach rechts, bis sie erscheint. Innerhalb des Modellierungsprozesses geschieht es häufig, dass ein Beziehungswissen gesperrt ist und irrtümlicherweise dessen Ausführung erwartet wird.

> Die vertikale und horizontale Bildschirmaufteilung bleibt für den User mandantenweit gespeichert.

Die Spalte ÜBERSCHREIBUNG ❹ in Abbildung 3.6 ist hier nicht relevant, da eine klassenspezifische Überschreibung von Merkmalen nicht empfohlen wird.

Tabelle 3.3 erklärt die Bedeutung der Icons in der Symbolleiste ❺:

Symbol	Beschreibung	Relevanz
	Suchen innerhalb der Konfigurationsstruktur (hier können Sie auch mit Wildcards arbeiten)	hoch
	Baumsegment eine Ebene ausklappen	gering
	Baumsegment eine Ebene einklappen	gering
	Drucken der Konfigurationsstruktur	gering
	Verändern des Spaltenlayouts	gering

Tabelle 3.3: Icons in der Symbolleiste

Die einzelnen Objekttypen des Modells werden durch Symbole dargestellt. Sie erhalten eine Übersicht, wenn Sie in der Menüleiste ❻ auf IKONEN-LEGENDE klicken (siehe Abbildung 3.7).

Die Konfigurationsstruktur in Abbildung 3.6 beginnt also mit dem konfigurierbaren Material PIZZA. Auf der zweiten Hierarchiestufe sehen Sie die Objekte »Konfigurationsprofil« (PIZZA) und »Klasse« (C_PIZZA). Unterhalb der Klasse finden Sie – falls jeweils vorhanden – die Merkmale und Merkmalwerte sowie übergeordnete Klassen der Klassenhierarchie. Die weiteren Objekttypen werden zum großen Teil im Laufe dieses Buches erläutert.

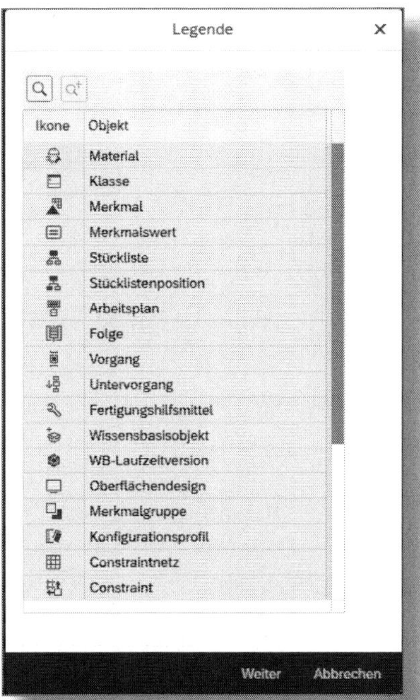

Abbildung 3.7: Ikonen-Legende zu Objekttypen

- **Detailbild (❷ in Abbildung 3.5):**

Wenn Sie in der Konfigurationsstruktur auf ein Objekt ❶ doppelklicken, sehen Sie in ❷ die Details zum ausgewählten Objekt. Reicht der verfügbare Platz im Rahmen nicht aus, können Sie durch den Menüpunkt VOLLBILD EIN/AUS den gesamten Bereich von ❶ bis ❸ für das Detailbild nutzen. Das ist beispielsweise für Variantentabellen mit vielen Spalten hilfreich (siehe Abbildung 3.5).

- **Favoriten und Umfeld (❸ in Abbildung 3.5):**

Im Ordner FAVORITEN können Sie unabhängig vom aufgerufenen Modell Ihre häufig genutzten Objekte oder alle Objekte einer Objektgruppe ablegen. In Abbildung 3.8 soll eine VARIANTENTABELLE als Favorit hinterlegt werden. Ein Klick mit der rechten Maustaste auf den entsprechenden Objekttyp öffnet das Kontextmenü.

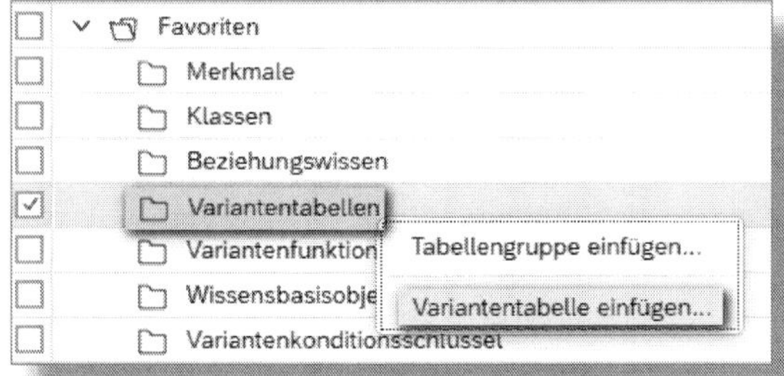

Abbildung 3.8: Kontextmenü – Objekte zu Favoriten hinzufügen

Geben Sie anschließend den Namen der Variantentabelle ein. Die Variantentabelle wird als Favorit gespeichert.

Diese Einstellungen sind user- und mandantenabhängig. Beim nächsten Aufruf der Modellierungsumgebung stehen Ihnen Ihre Favoriten, unabhängig vom aufgerufenen Modell, zur Verfügung.

Des Weiteren haben Sie die Möglichkeit, Favoriten von einem anderen Benutzer in Ihre Favoriten zu kopieren. Öffnen Sie dazu das Kontextmenü mit Rechtsklick auf den Ordner FAVORITEN (siehe Abbildung 3.9).

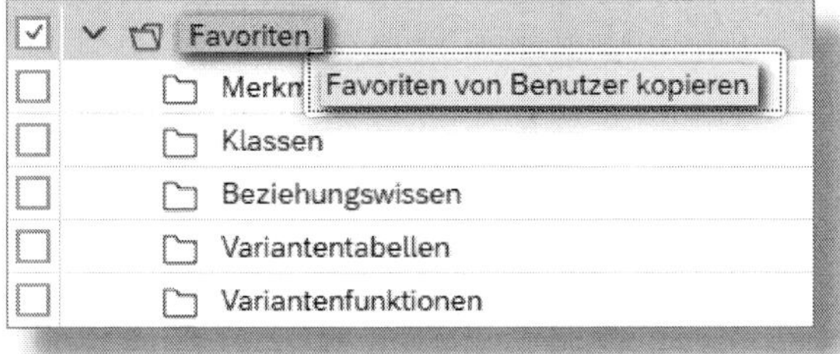

Abbildung 3.9: Kontextmenü – Favoriten von Benutzer kopieren

Im Ordner UMFELD können Sie sich eine Übersicht über alle Objekte der aufgerufenen Konfigurationsstruktur inklusive der Favoriten verschaffen (siehe Abbildung 3.5).

Wenn Sie in der Menüzeile ❻ (Abbildung 3.6) auf MODELL AUFLÖSEN klicken, durchsucht das System die Konfigurationsstruktur und stellt alle Objekte gruppiert nach Objekttyp im Ordner UMFELD zur Verfügung (siehe Abbildung 3.10).

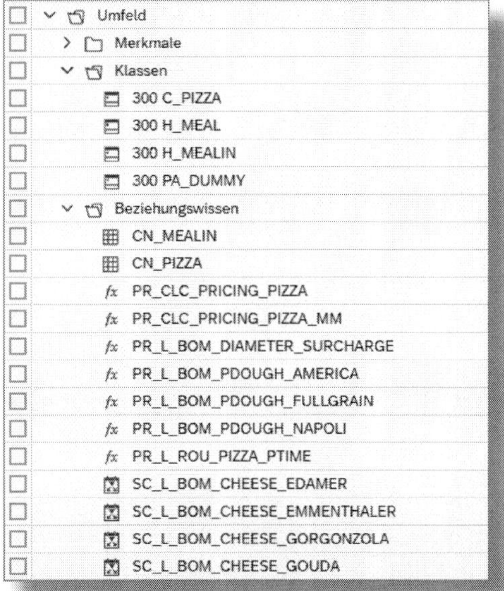

Abbildung 3.10: Übersicht der Objekte der Konfigurationsstruktur

Indem Sie mit der rechten Maustaste auf ein Objekt im Ordner UMFELD klicken, können Sie dieses in Ihre Favoritenliste übernehmen.

- **Protokollbereich (❹ in Abbildung 3.5):**

Mit der Funktion MODELL PRÜFEN aus der Menüzeile ❻ (Abbildung 3.6) haben Sie die Möglichkeit, gewisse Prüfoptionen zu aktivieren (siehe Abbildung 3.11). Die Ergebnisse dieser Prüfungen und weitere interne Systemmeldungen werden in diesem Bereich als Protokoll ausgegeben.

Abbildung 3.11: Prüfoptionen

Markieren Sie Ihre gewünschten Optionen und sichern Sie die Einstellungen mit Klick auf den Speicherbutton. Klicken Sie auf WEITER. Haben Sie KUNDENSPEZIFISCHE PRÜFUNGEN aktiviert, öffnet sich ein Dialogfenster, in dem Sie Prä- und Suffixregeln festlegen können. Wählen Sie den gewünschten OBJEKTTYP aus der Auswahlliste und drücken Sie [↵]. Erfassen Sie dann z. B. in der Spalte PRÄFIX für ein CONSTRAINT »CO_« (siehe Abbildung 3.12).

Wollen Sie innerhalb eines Objekttyps unterschiedliche Regeln festlegen, ist das für eine bestimmte Kombination von OBJEKTTYP und GRUPPE möglich. Beispielsweise sollen Objektmerkmale mit »RC_« beginnen und Merkmale ohne Objektbezug mit »VC_«. Dafür müssen Sie im Customizing Gruppen pflegen (z. B. VC_OBJ), die Sie im Objekttyp z. B. einem Merkmal zuordnen (siehe Abbildung 3.14, Feld MERKMALGRUPPE).

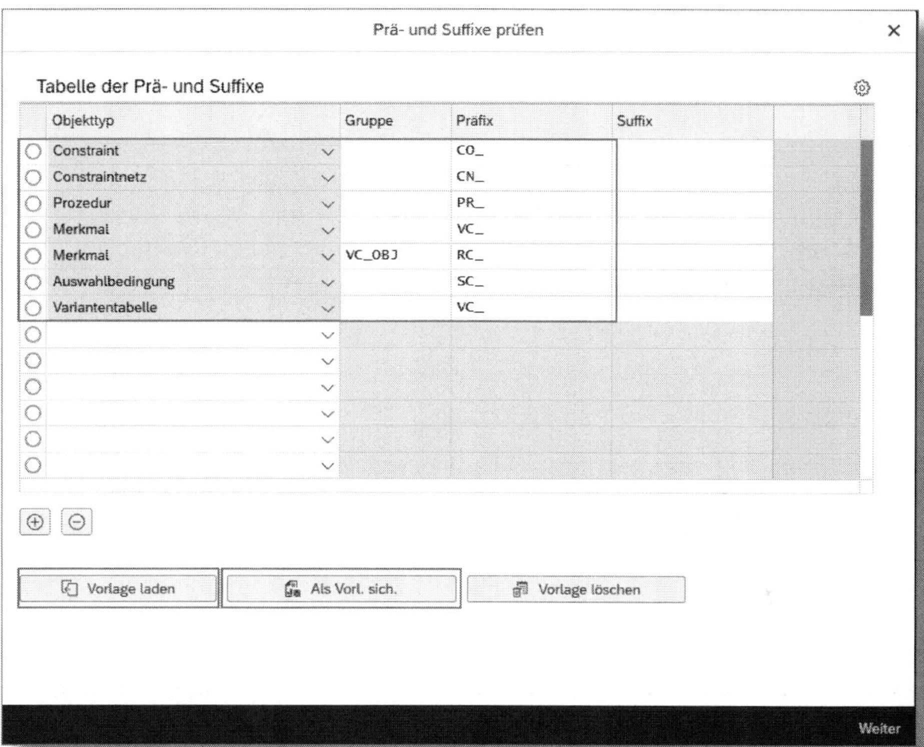

Abbildung 3.12: Kundenspezifische Prüfungen – Prä- und Suffixe prüfen

Diese Regeln lassen sich als Vorlage sichern und darüber auch von anderen Modellierern verwenden (Button VORLAGE LADEN). Drücken Sie den Button ALS VORL. SICH., vergeben Sie im folgenden Dialog (hier nicht angezeigt) eine ID und markieren Sie das Kontrollkästchen AUCH ALS MEINE STANDARDVORLAGE SICHERN.

Im SAP-Hinweis 1537346 (Prüftool für das Konfigurationsmodell in Transaktion PMEVC) finden Sie eine detaillierte Beschreibung der Prüfungen.

Aktivierung der Prüfungen

Schalten Sie mindestens die Konsistenz-, Performance- und AVC-Syntaxprüfung ein. Falls Sie ein Wissensbasisobjekt anlegen möchten (siehe Kapitel 7), sind auch Wissensbasis- oder Integrationsprüfungen zu empfehlen. Nutzen Sie die kundenspezifischen Prüfungen, indem Sie Suffix-Präfix-Prüfungen für Ihre Objekte definieren, damit diese unternehmensweit nach einer einheitlichen Namensgebung erstellt werden.

Weitere hilfreiche Funktionen

Im Weiteren haben wir Ihnen verschiedene hilfreiche Funktionen aus der Menüzeile ❻ in Abbildung 3.6 zusammengestellt, die Ihnen in der Praxis der Modellierung das Leben vereinfachen.

- **Navigation:** Sobald Sie mehrere Objekte ausgewählt haben, erscheinen die Buttons VORIGES DETAIL oder NÄCHSTES DETAIL, mit denen Sie zwischen den geöffneten Detailsichten navigieren können.
- **Modellauflösungsdatum:** Oft werden Modelle mit dem Änderungsdienst (siehe Abschnitt 5.2) bearbeitet. Wenn Sie das Modell zu einem anderen Stichtag neu laden wollen, wählen Sie MODELL ERNEUT LADEN, ohne die App zu verlassen.
- **Konfigurationsmodelle simulieren:** Um eine Simulation zu starten, können Sie entweder den Button TESTEN wählen oder mittels einer Übersicht Ihrer bereits erstellten Simulationen über die neue Fiori-App »Konfigurationsmodelle simulieren« in die Simulation einsteigen (siehe auch Abschnitt 3.6).
- **Übersicht der geänderten Objekte:** Wenn Sie Änderungen an Objekten vorgenommen haben, werden diese erst nach dem Sichern des gesamten Modells gespeichert. Die zu sichernden Objekte werden in der Menüzeile über MEHR • SPRINGEN • ÜBERSICHT DER GEÄNDERTEN OBJEKTE aufgelistet.

3.4 High-Level-Modell

Als *High-Level-Modell* bezeichnet man den Teil des Modells, der abläuft, wenn interaktiv konfiguriert wird, etwa die Bewertung von Merkmalen durch den Anwender z. B. in einem Vertriebsbeleg.

In diesem Abschnitt werden wir gemeinsam ein Pizza-Variantenmodell anlegen, mit dem Sie eine Pizza konfigurieren und einen Preis ermitteln können. Die Namensgebung der Objekte ist dabei an die in Kapitel 8 aufgeführten Best-Practice-Empfehlungen angelehnt.

3.4.1 Konfigurierbarer Materialstamm

Weiterführende Informationen zum Materialstamm

Falls Sie kein regelmäßiger Nutzer des Materialstamms sind, machen Sie sich zunächst in der SAP-Online-Hilfe (siehe Abschnitt 9.1) mit dem Materialstamm vertraut.

Den Materialstamm rufen Sie über die Apps »Material anlegen/ändern/anzeigen« oder »Produktstammdaten verwalten« auf. Die im Standard verwendete Materialart ist KMAT.

Tabelle 3.4 listet einige Besonderheiten auf, die Sie dabei beachten müssen:

Sicht	Feld	Kommentar
Grunddaten 2	»Material ist konfigurierbar«	Wird automatisch gesetzt, wenn Sie die Materialart »KMAT« nutzen
Vertrieb: VerkOrg 2	Positionstypengruppe	0002
Disposition 1	Dispomerkmal	PD
	Dispolosgröße	EX

Sicht	Feld	Kommentar
Disposition 3	Strategiegruppe	25
	Verfügbarkeitsprüfung	02
Disposition 4	Einzel- und Sammelbedarf	1

Tabelle 3.4: Besondere Materialstammfelder für konfigurierbare Materialien

3.4.2 Merkmale

Wir legen die in Tabelle 3.2 aufgeführten Merkmale an.

Wählen Sie dazu die App »Merkmale verwalten« aus. Geben Sie im Einstiegsbildschirm (siehe Abbildung 3.13) den technischen Namen des MERKMALS ein und klicken Sie auf den Button [ ].

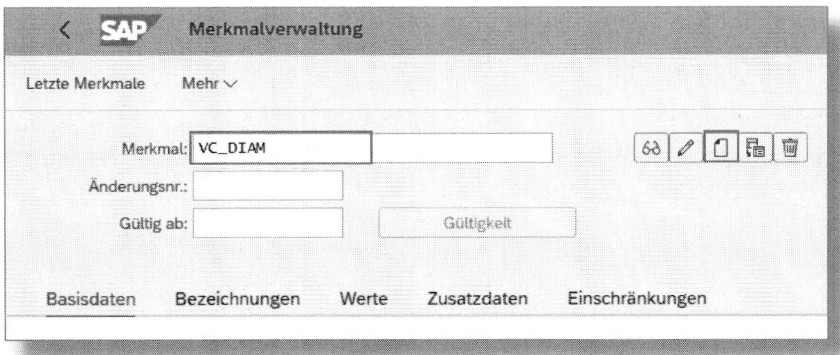

Abbildung 3.13: Einstiegsbildschirm Merkmalverwaltung

Anschließend erfassen Sie die BASISDATEN. Abbildung 3.14 zeigt dies am Beispiel des Pizzadurchmessers.

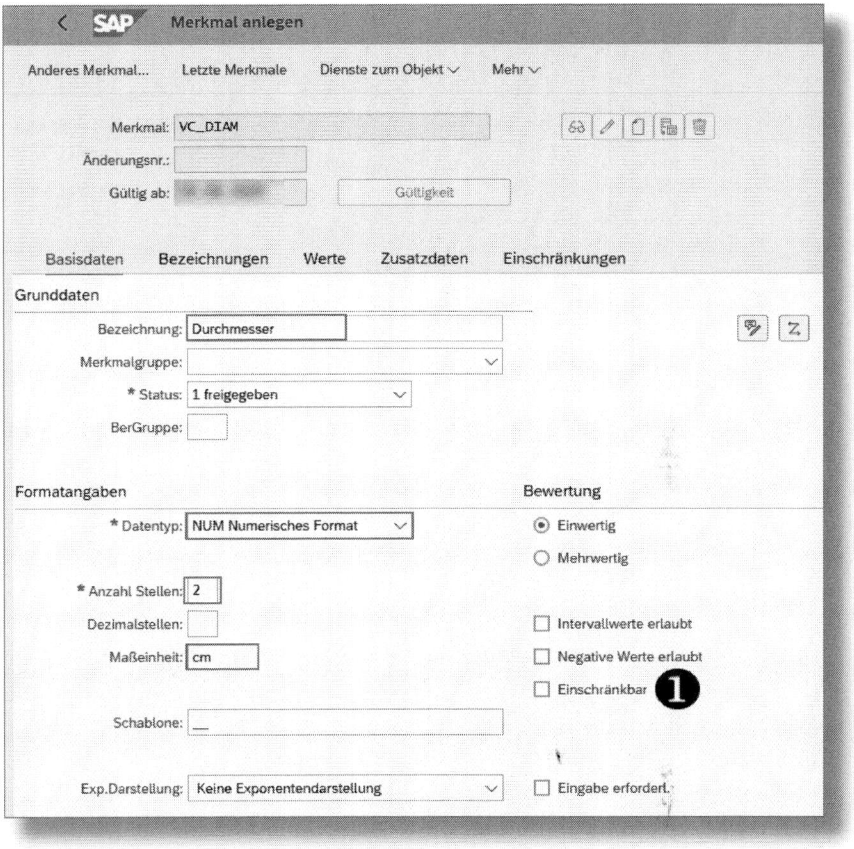

Abbildung 3.14: Merkmalverwaltung – Basisdaten

☛ Kennzeichen »Einschränkbar«

In früheren SAP-ERP-Releases musste das Kennzeichen EINSCHRÄNKBAR ❶ explizit für Merkmale gesetzt werden, deren Domänen mit Constraints (siehe Abschnitt 3.4.5) eingeschränkt werden sollen. Das ist nicht mehr notwendig – die AVC-Engine interpretiert alle Merkmale, die einer Klassenart 300 zugeordnet sind, automatisch als einschränkbar.

Im Reiter BEZEICHNUNGEN geben Sie die sprachabhängigen Bezeichnungen ein (siehe Abbildung 3.15).

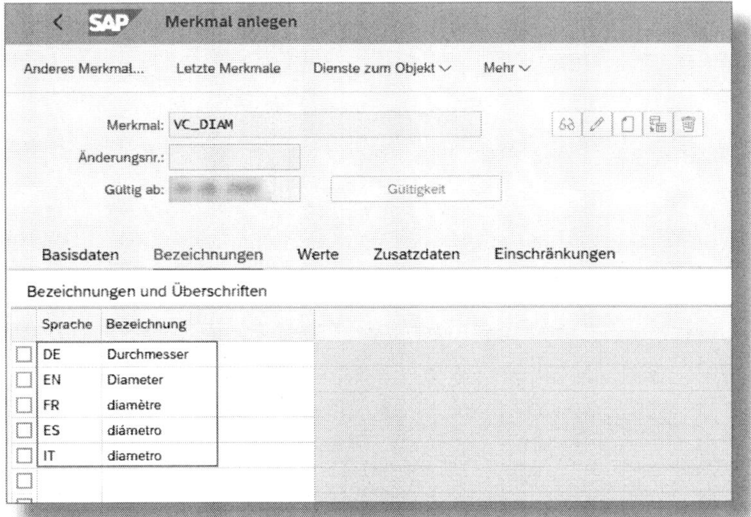

Abbildung 3.15: Merkmalverwaltung – Bezeichnungen

Wenn das Merkmal eine Werteliste erhalten soll, geben Sie die ZULÄSSIGEN WERTE im Reiter WERTE an (siehe Abbildung 3.16).

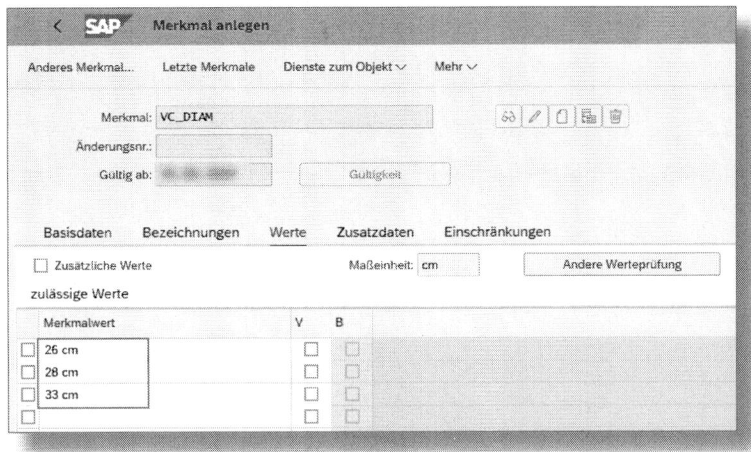

Abbildung 3.16: Merkmalverwaltung – Werte

Für Merkmale im Zeichenformat mit Werteliste haben Sie die Möglichkeit, sprachabhängige Werte zu pflegen. Zu der Eingabe gelangen Sie gemäß den Vorgaben in Abbildung 3.17.

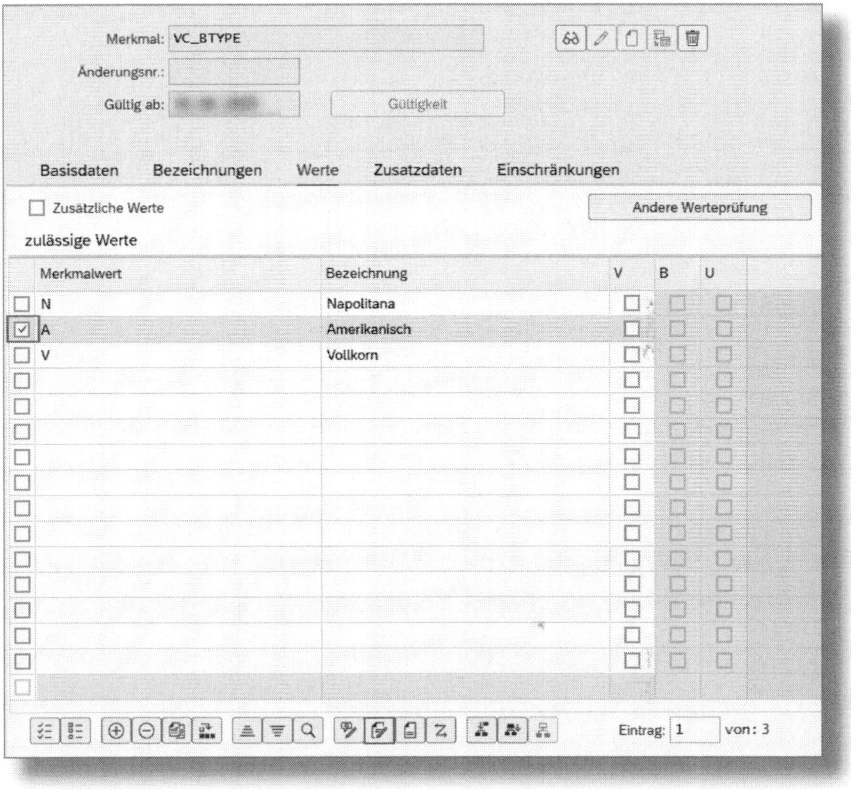

Abbildung 3.17: Merkmalverwaltung – sprachabhängige Werte pflegen

Im Reiter ZUSATZDATEN (nicht gezeigt) soll uns zunächst nur der Bereich VERHALTEN BEI DER BEWERTUNG interessieren. Dort können Sie manuelle Eingaben mit der Aktivierung des Kontrollkästchens NICHT EINGABEBEREIT unterbinden. Wenn das Merkmal bei der Bewertung gar nicht erscheinen soll, aktivieren Sie das Kontrollkästchen KEINE ANZEIGE. Wenn die Werteliste eines Merkmals bei der Bewertung erscheinen soll, aktivieren Sie das Kontrollkästchen ZULÄSSIGE WERTE ANZEIGEN (siehe Abschnitt 3.4.6).

Im Reiter EINSCHRÄNKUNGEN können Sie die Verwendung des Merkmals in anderen Klassenarten als in der 300 unterbinden.

> **! Einschränkungen für HANA-View Generierungsklassen**
>
> Ohne Eingabe kann das Merkmal in allen Klassenarten genutzt werden. Bitte achten Sie darauf, dass für die Verwendung von Merkmalen in HANA-View-Generierungsklassen ein Merkmal auch für die Klasse 399 freigegeben sein muss (siehe Kapitel 6 unter »Anlage der HANA-View-Generierungsklasse«).

Objektmerkmale

Für die Mengenberechnungen benötigen wir beispielsweise die Auftragsmenge aus der Auftragsposition. Diese lässt sich der Konfigurationsbewertung mittels eines sogenannten *Objektmerkmals* zur Verfügung stellen.

Dafür legen Sie ein Merkmal RC_VBAP_KWMENG an und verzweigen direkt auf den Reiter ZUSATZDATEN. Dort geben Sie als TABELLENNAME *VBAP* und als FELDNAME *KWMENG* ein (siehe Abbildung 3.18:).

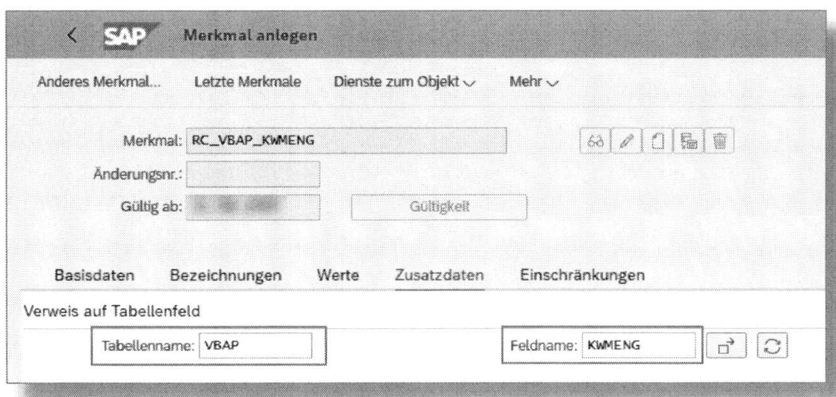

Abbildung 3.18: Objektmerkmal Vertriebsbelegpositionsmenge

Anschließend werden die Formatangaben automatisch aus dem Data Dictionary übernommen.

Aus folgenden Tabellen können Feldwerte ausgelesen und in der Programmlogik (Beziehungswissen) verarbeitet werden:

- Vertriebsbeleg
  - VBAK (Kopfdaten)
  - VBAP (Positionsdaten)
  - VBPA_AG (Partner: Auftraggeber)
  - VBPA_WE (Partner: Warenempfänger)
  - VBPA_RE (Partner: Rechnungsempfänger)
  - VBPA_RG (Partner: Regulierer)
  - VBKD (kaufmännische Daten)
- Materialstamm
  - MAAPV (Vertrieb 1)
  - MAEPV (Vertrieb 2)

Über die Struktur »VCSD_UPDATE« lassen sich auch Auftragspositionswerte verändern. Weiterführende Informationen dazu finden Sie im SAP Support Portal.

3.4.3 Klassen und Klassenhierarchie

Wir wollen die in Abbildung 3.3 gezeigten Klassen für das konfigurierbare Material PIZZA anlegen.

Zunächst legen wir die Klasse der ersten Hierarchiestufe »Gericht« an. Erstellen Sie im Vorfeld das Merkmal VC_MEALSIZE, wie in Abschnitt 3.4.2 beschrieben. Dann rufen Sie die App »Klasse anlegen« auf (siehe Abbildung 3.19).

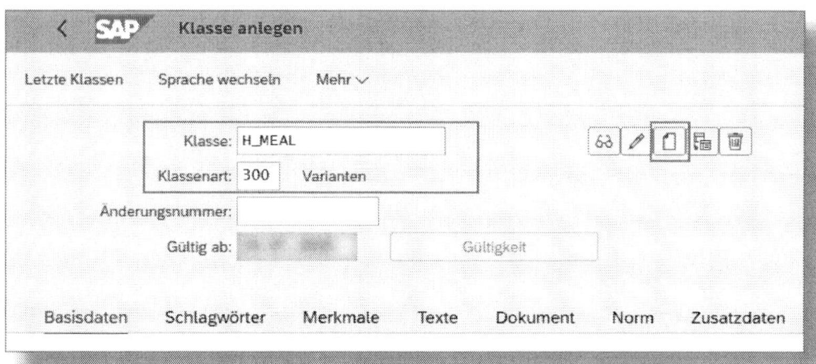

Abbildung 3.19: Einstiegsbildschirm Klasse anlegen

Unter BASISDATEN geben Sie die Bezeichnung der KLASSE ein. Im Reiter SCHLAGWÖRTER können Sie für die leichtere Wiederauffindbarkeit Suchbegriffe vergeben (hier nicht gezeigt). Im darauffolgenden Reiter MERKMALE ordnen Sie der Klasse die zuvor angelegten Merkmale VC_MEALSIZE und RC_VBAP_KWMENG zu (siehe Abbildung 3.20).

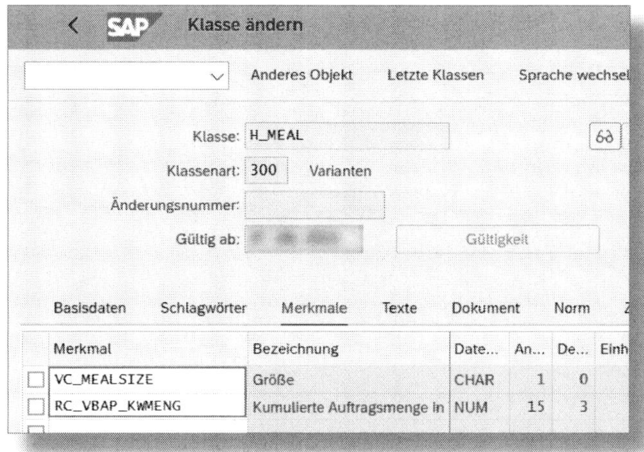

Abbildung 3.20: Merkmalzuordnung zu einer Klasse

In den Feldern der Reiter TEXTE, DOKUMENT, NORM und ZUSATZDATEN nehmen Sie keine Eingaben vor.

Legen Sie dann die anderen in Abbildung 3.3 angegeben Klassen H_MEALIN für »Zutaten Gerichte« und C_PIZZA für »Pizza« an und ordnen Sie die Merkmale wie in Tabelle 3.2 beschrieben zu. Beachten Sie, dass die Merkmale »Käse« und »Gemüse« der Klasse H_MEALIN zugeordnet werden müssen.

Jetzt gilt es, die in Abbildung 3.3 angezeigte Klassenhierarchie anzulegen. Dazu rufen Sie die App »Objekte/Klassen einer Klasse zuordnen« auf (siehe Abbildung 3.21).

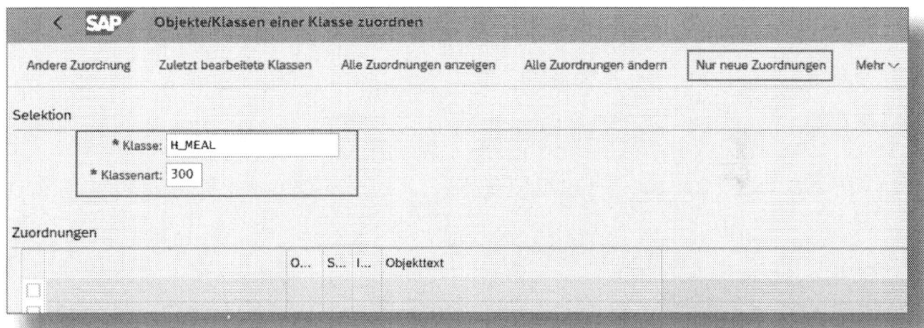

Abbildung 3.21: App »Objekte/Klassen einer Klasse zuordnen« – Einstieg

Klicken Sie auf den Button NUR NEUE ZUORDNUNGEN. In der darauffolgenden Optionsliste wählen Sie KLASSE aus. Dann tragen Sie die untergeordnete Klasse H_MEALIN als ZUORDNUNG ein (siehe Abbildung 3.22).

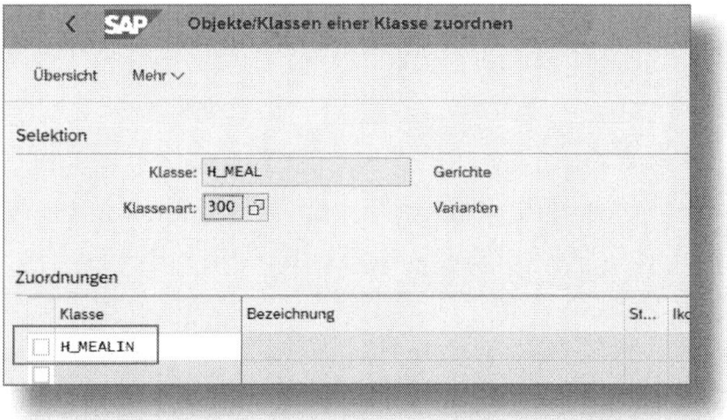

Abbildung 3.22: Objekte einer Klasse zuordnen – Zuordnungen

Speichern Sie die Zuordnung und ordnen Sie nach dem gleichen Verfahren der Klasse H_MEALIN die Klasse C_PIZZA zu.

Wenn Sie sich anschließend die Klasse C_PIZZA anzeigen lassen, erscheinen dort die ererbten Merkmale (siehe Abbildung 3.23).

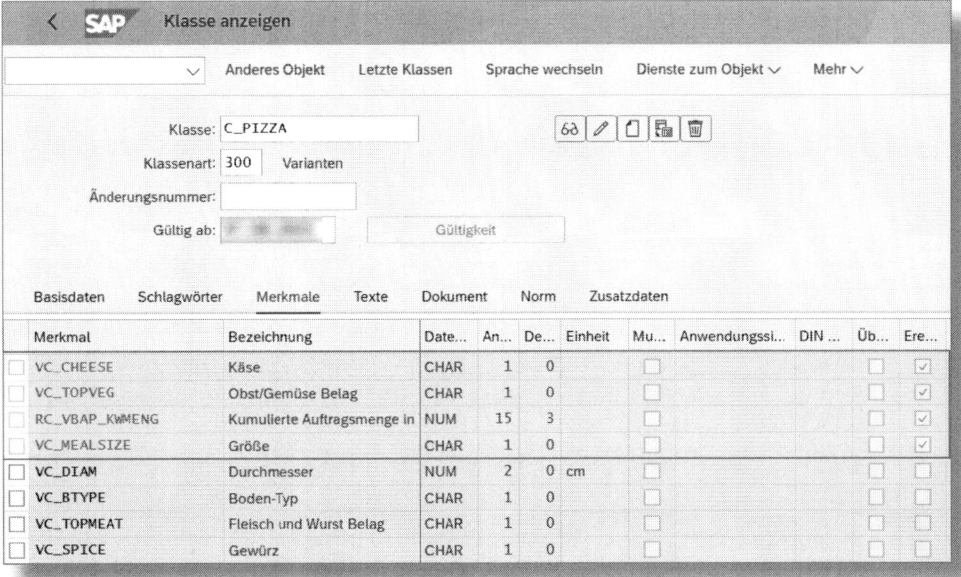

Abbildung 3.23: Ererbte Merkmale einer Klasse

Damit ist das Grundgerüst für das Pizza-Variantenmodell aufgebaut. Jetzt verknüpfen Sie die KLASSE *C_PIZZA* mit dem konfigurierbaren Material PIZZA.

Dazu steigen Sie mit dem Material PIZZA in der App »VC Modellierungsumgebung« ein, rufen das Kontextmenü mit Rechtsklick auf das OBJEKT auf und wählen dort KLASSE ZUORDNEN (siehe Abbildung 3.24).

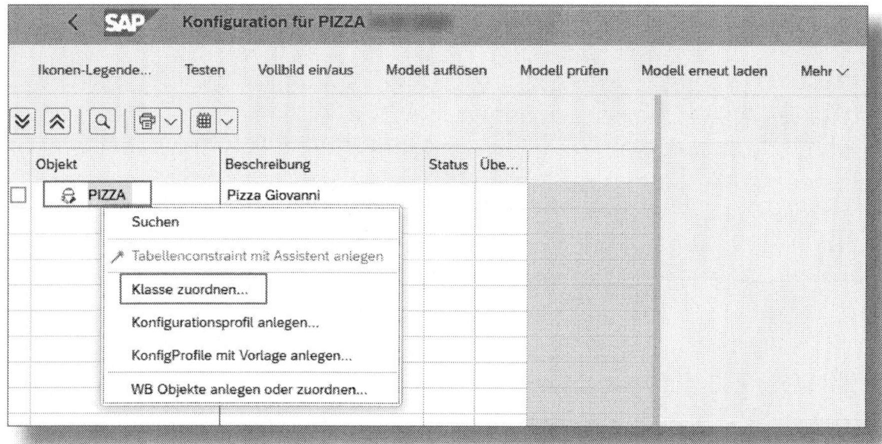

Abbildung 3.24: VC-Modellierungsumgebung – Klassenzuordnung

Im folgenden Dialogfenster geben Sie die Klasse C_PIZZA ein.

Wenn Sie in der App »VC Modellierungsumgebung« den Navigationsbaum aufreißen, sollte die angelegte Klassenhierarchie mit den zugeordneten Merkmalen wie in Abbildung 3.25 aussehen.

Objekt	Beschreibung	Status	Ü...
PIZZA	Pizza Giovanni		
PIZZA		□	
300 C_PIZZA	Pizza		
VC_BTYPE	Boden-Typ		
VC_DIAM	Durchmesser		
VC_SPICE	Gewürz		
VC_TOPMEAT	Fleisch und Wurst Belag		
300 H_MEALIN	Zutaten Gerichte		
VC_CHEESE	Käse		
VC_TOPVEG	Obst/Gemüse Belag		
300 H_MEAL	Gerichte		
RC_VBAP_KWMENG	Kumulierte Auftragsmenge in VM		
VC_MEALSIZE	Größe		

Abbildung 3.25: VC-Modellierungsumgebung – Klassenhierarchie

3.4.4 Konfigurationsprofil

In einem *Konfigurationsprofil* legen Sie fest, mit welchen Parametern Sie die Merkmalbewertung durchführen. Es wird immer pro konfigurierbarem Materialstamm angelegt und ist obligatorisch. Ein konfigurierbarer Materialstamm kann auch mehrere Konfigurationsprofile haben. Existieren verschiedene gültige Profile, erscheint vor dem Aufruf der Merkmalbewertung ein Pop-up zur Auswahl eines Konfigurationsprofils. In unserem Beispiel arbeiten wir mit nur einem Profil.

Zur Anlage eines Konfigurationsprofils rufen Sie in der App »VC Modellierungsumgebung« das Kontextmenü auf (siehe Abbildung 3.26).

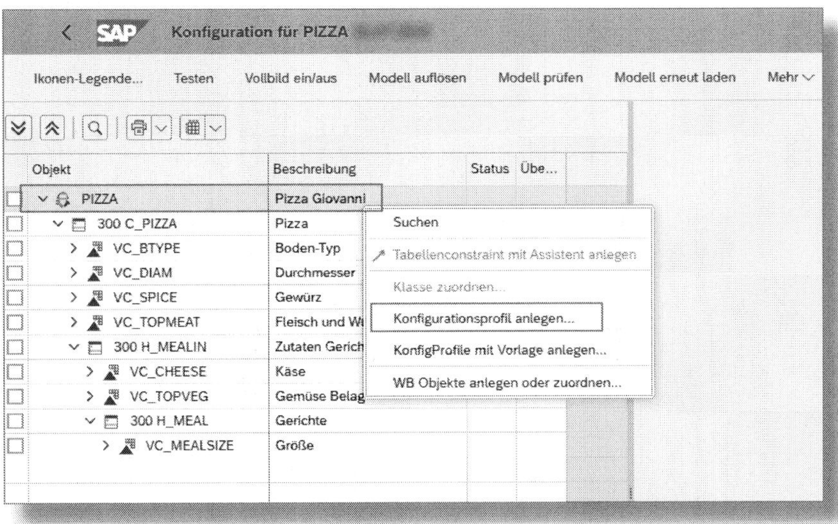

Abbildung 3.26: Einstieg Konfigurationsprofil anlegen

Es schließt sich ein hier nicht gezeigter Dialog an, in dem Sie erst EINE STÜCKLISTENAUFLÖSUNG SOLL DURCHGEFÜHRT WERDEN mit dem Parameter PP01 und im anschließenden Screen die Option PLANAUFTRAG/ FERTIGUNGSAUFTRAG wählen. Diese Einstellung bewirkt, dass eines der Konfigurationsszenarien »CTO – Configure-to-Order« oder »ATO – Assemble-to-Order« mit einer Produktionsstückliste gestartet wird (vgl. Abschnitt 2.2).

Wählen Sie im Bereich VERARBEITUNGSMODUS in der Drop-down-Box ERWEITERTE VARIANTENKONFIGURATION (siehe Abbildung 3.27).

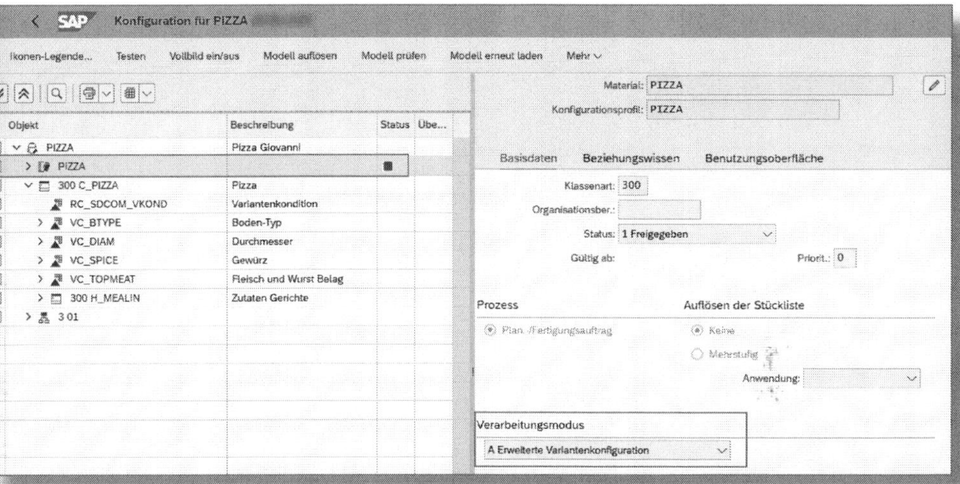

Abbildung 3.27: Konfigurationsprofil anlegen – Verarbeitungsmodus

> **☛ Verarbeitungsmodus im Konfigurationsprofil**
>
> In S/4HANA On-Premise ist es möglich, Modelle, die auf der ursprünglichen LO-VC-Engine in SAP ERP, und Modelle, die mit der neuen AVC-Engine modelliert wurden, parallel zu betreiben.
>
> Bitte beachten Sie, dass in S/4HANA-Cloud-Systemen nur noch die AVC-Engine betrieben werden kann. Diese hat zum jetzigen Zeitpunkt noch nicht den vollen Funktionsumfang. Deshalb erscheinen im Verarbeitungsmodus KLASSISCH mehr Optionen, z. B. für die Auflösung von Sets im Vertriebsumfeld. Diese Funktionen werden aber in Kürze auch in der AVC verfügbar sein. Bitte beachten Sie die aktuelle SAP Roadmap (siehe Abschnitt 9.3).

Im Reiter BEZIEHUNGSWISSEN finden Sie das zugeordnete Regelwerk in Form von Prozeduren und Constraints (nähere Erläuterungen zu beiden Begriffen bietet Ihnen Abschnitt 3.4.5). Die Liste ist noch leer – wir legen diese Objekte in den folgenden Abschnitten an und ordnen sie zu.

Im Reiter BENUTZUNGSOBERFLÄCHE haben Sie die Möglichkeit, zusätzliche Übersichtsbilder und eine strukturierte Darstellung der Konfiguration mittels KONFIGURATIONSBROWSER einzustellen. Für unser Beispiel nehmen Sie bitte die Einstellungen aus Abbildung 3.28 vor.

Abbildung 3.28: Konfigurationsprofil – Benutzungsoberfläche

Merkmalgruppen

Merkmale lassen sich auf der Benutzeroberfläche in Registerkarten gruppieren und in eine Reihenfolge bringen. In unserem Beispiel soll zunächst die Größe der Pizza, dann der Bodentyp etc. bewertet werden (siehe Abbildung 3.35).

Sichern Sie Ihr Modell und verlassen Sie zunächst die App »VC Modellierungsumgebung«. Rufen Sie die App »Merkmalgruppen verwalten« auf und drücken Sie den Button GRUPPE ANLEGEN (hier nicht gezeigt). Geben Sie der Gruppe einen Namen; für unser Beispiel haben wir PIZZA gewählt. Dieser Merkmalgruppe weisen Sie über den Button MERKMAL ZUORDNEN die in Abbildung 3.29 gezeigten Merkmale zu. Wählen Sie dann den Button ANLEGEN und tragen Sie unter SPRACHENSCHLÜSSEL *DE* und als Beschreibung *Pizza* ein.

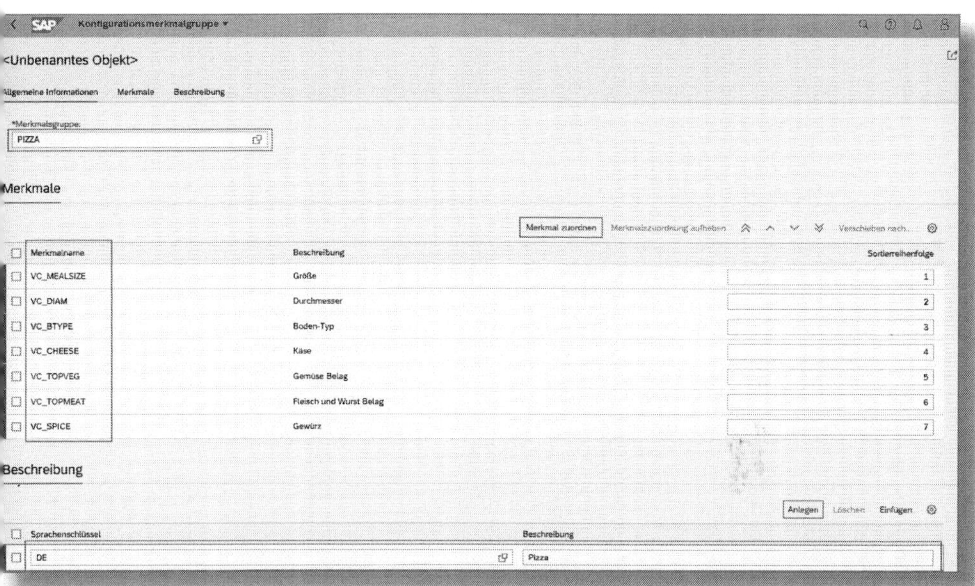

Abbildung 3.29: Merkmalgruppe anlegen

Sichern Sie die Merkmalgruppe und kehren Sie zum Konfigurationsprofil in der App »VC Modellierungsumgebung« zurück (siehe Abbildung 3.28).

Über den Button MERKMALGRUPPE ZUORDNEN öffnet sich ein neuer Browsertab. Klicken Sie hier auf den Button GRUPPE ZUORDNEN (siehe Abbildung 3.30) und wählen Sie im sich öffnenden Auswahlbildschirm (hier nicht angezeigt) die neu angelegte Merkmalgruppe aus. Sichern Sie anschließend Ihre Zuordnung.

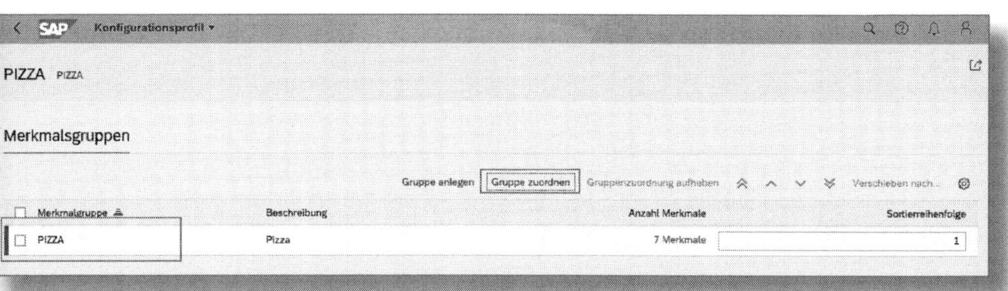

Abbildung 3.30: Merkmalgruppe dem Konfigurationsprofil zuordnen

3.4.5 Beziehungslogik

Im Folgenden beschreiben wir die Anlage des Regelwerks, das Merkmalwerte herleitet und die Konsistenz der einzelnen Merkmale und Merkmalwerte innerhalb des Modells sicherstellt. Dieses Regelwerk wird auch *Beziehungswissen* genannt und umfasst Constraints, Auswahlbedingungen, Prozeduren sowie Vorbedingungen.

Nehmen wir zum Einstieg an, dass es die in Tabelle 3.5 gezeigten Abhängigkeiten gibt:

Merkmal Größe VC_MEALSIZE	Merkmal Durchmesser VC_DIAM
L = Groß	33 cm
M = Mittel	28 cm
S = Klein	26 cm

Tabelle 3.5: Abhängigkeiten zwischen Größe und Durchmesser

Im Folgenden wollen wir diese Abhängigkeit mittels eines *Constraints* abbilden.

Constraints

- Constraints werden für interaktive Konfigurationsaufgaben eingesetzt.
- Sie gehören zu den deklarativen Beziehungsarten, d. h., dass die Ausführungsreihenfolge und der -zeitpunkt nicht von Bedeutung sind.
- Sie werden in Beziehungsnetzen zusammengefasst. Das Beziehungsnetz wird dem Konfigurationsprofil zugeordnet.
- Sie werden nur ausgeführt, wenn es notwendig ist, d. h. wenn ein Merkmalwert eines Constraints in der Konfiguration geändert wird oder der Bedingungsteil erfüllt ist.
- Mit Constraints können Objekte in einer mehrstufigen Konfiguration gezielt angesprochen werden.

- Constraints können für Werteherleitungen, -einschränkungen und Konsistenzprüfungen genutzt werden.

Best Practice constraintbasierte Modellierung

Vorrangig sollte die Modellierung mithilfe von Constraints und nicht mit Prozeduren vorgenommen werden. Die Vorteile liegen auf der Hand:

- Eine Objektorientierung und eine Mehrfachverwendung sind sichergestellt.
- Das Modell ist einfacher zu warten, da nicht auf die Abarbeitungsreihenfolge geachtet werden muss und Constraints im Gegensatz zu Prozeduren nicht abbrechen können.
- Außerdem finden Constraints problemlos in weiterführenden Szenarien (SAP Business Technology Platform, SAP CPQ etc.) Verwendung.
- Die AVC basiert auf einer constraintbasierten Engine (GECODE – Open Source Constraint Solver).
- Die Verarbeitungsgeschwindigkeit von Constraints ist höher und schlanker als die von prozeduralem Beziehungswissen.

Ein Constraint besteht aus vier Sektionen:

1. OBJECTS

Hier definieren Sie die im Constraint verwendeten Objekte. Normalerweise werden Objekte über ihre Klassen der Klassenart 300 angesprochen, alternativ jedoch auch über Materialien und Dokumente. Wenn Sie mehrere Objekte ansprechen, werden diese mit einem Komma getrennt angegeben (siehe Listing 3.1).

```
OBJECTS:
?P is_a (300) C_PIZZA
WHERE DIAM = VC_DIAM
```

Listing 3.1: Objects als Teil eines Constraints

☛ Best Practice für Variablenbenennung

Aus Gründen der Lesbarkeit hat es sich bewährt, die Variablennamen mit einem »?« beginnen zu lassen.

Variablen, die über ihre Klasse angesprochen werden, werden mit dem Ausdruck »is_a« vereinbart. Die Klassenart geben Sie dann mit »(300)« an, gefolgt von dem Namen der Klasse »C_PIZZA«.

Merkmalsvariablen lassen sich nach der »WHERE«-Klausel vereinbaren. Wenn die technischen Merkmale beschreibend sind, sind Merkmalsvariablen entbehrlich.

2. CONDITION

In dieser Sektion wird die Bedingung angegeben, wann das Constraint ausgeführt werden soll.

☛ Best Practice für Bedingungsteil in Constraints

Versehen Sie jedes Constraint aus Performancegründen möglichst mit einem Bedingungsteil.

```
CONDITION:
?P.VC_MEALSIZE specified
```

Listing 3.2: Condition als Teil eines Constraints

In Listing 3.2 sehen Sie, dass das Constraint nur dann ausgeführt wird, wenn das Merkmal »VC_MEALSIZE« bewertet wurde.

Sie können mehrere Bedingungen über ein »and« oder »or« miteinander kombinieren.

3. RESTRICTIONS

Im Bereich `Restrictions` geben Sie die Konsistenzprüfungen an. Ein Beispiel zeigt Listing 3.3. Wenn dieser Teil unwahr ist, meldet das System eine »Inkonsistenz«.

```
RESTRICTIONS:
?P.VC_DIAM = '33' if VC_MEALSIZE = 'L',
?P.VC_DIAM = '28' if VC_MEALSIZE = 'M',
?P.VC_DIAM = '26' if VC_MEALSIZE = 'S'
```

Listing 3.3: Restrictions als Teil eines Constraints

4. INFERENCES (optional)

In dieser Sektion definieren Sie, welche Merkmale und Merkmalwerte hergeleitet werden sollen.

```
INFERENCES:
?P.VC_DIAM
```

Listing 3.4: Inferences als Teil eines Constraints

Mit Listing 3.4 soll der Wert des Merkmals »VC_DIAM« gesetzt werden.

☛ Inferences in AVC vs. LO-VC

In der Vorgängerversion der AVC, dem LO-VC, konnten einzelne herzuleitende Merkmale im INFERENCES-Teil angegeben werden. In der AVC ist es nicht mehr möglich, im Teil RESTRICTION angesprochene Werte von der Herleitung auszuschließen – alle angegebenen Merkmale werden hergeleitet. Das kann positiv (ich muss mich nicht mehr darum kümmern) oder negativ (Funktionseinschränkung) beurteilt werden.

☛ Verständnishilfe zu Constraints

Technisch gesehen handelt es sich bei Constraints immer um eine Werteeinschränkung – eine Werteherleitung ist also eine Werteeinschränkung mit der Ergebnismenge 1. Eine inkonsistente Konfiguration entsteht dann, wenn die Ergebnismenge null ist. Eine Ausnahme bildet die Verwendung des Schlüsselwortes FALSE im RESTRICTION-Teil. Hier entsteht eine Inkonsistenz, wenn die in CONDITION eingegebene Bedingung nicht erfüllt ist.

Constraint-Netze

Die einzelnen Constraints stellen die eigentliche Logik des Variantenmodells dar. Sie werden in Constraint-Netzen gruppiert, um thematisch gleichartige Constraints zusammenzufassen und somit eine einfache Wiederverwendung zu gewährleisten. Ein Constraint kann nur **einem** Constraint-Netz zugeordnet werden. Der technische Name des Constraints hat jedoch keinerlei Verbindung zum übergeordneten Beziehungsnetz; er muss mandantenweit, bei Transportrelevanz sogar systemübergreifend, eindeutig sein.

Um ein Constraint-Netz anzulegen, rufen Sie in der App »VC Modellierungsumgebung« das Kontextmenü mit Rechtsklick auf das Konfigurationsprofil auf. Wählen Sie dann BEZIEHUNG ANLEGEN • GLOBAL (WIEDERVERWENDBAR), wie in Abbildung 3.31 für unser Beispielprofil geschehen.

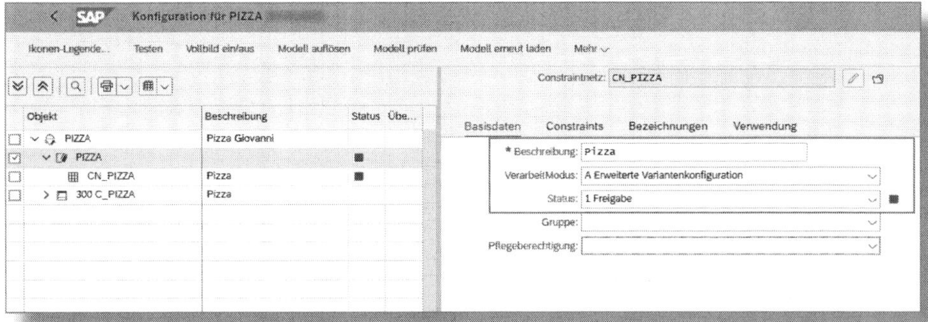

Abbildung 3.31: Constraint-Netz »Pizza«

👉 Modellierung mit Constraints und Klassen

Aus Gründen der Wiederverwendbarkeit und der Objektorientierung sollte es zu jeder Klasse ein Constraint-Netz geben.

Nun legen Sie zum Constraint-Netz das zu Beginn von Abschnitt 3.4.5 beschriebene Constraint an. Sie rufen das Kontextmenü zum Constraint-Netz auf und wählen CONSTRAINT ANLEGEN. Vergeben Sie den Namen *CO_SET_PIZZA_DIAMETER* und legen Sie eine sprachabhängige Bezeichnung fest (siehe Abbildung 3.32).

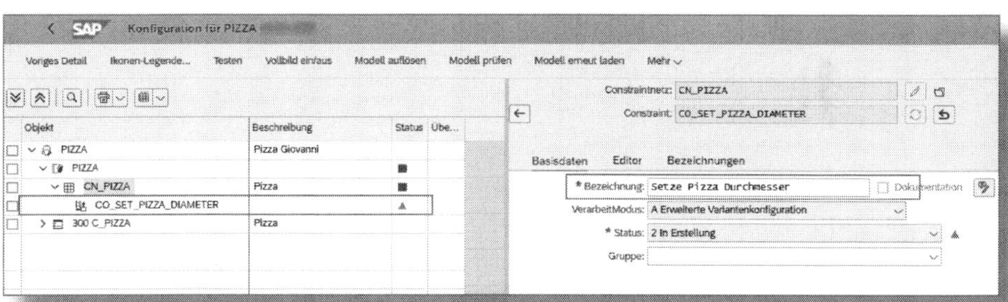

Abbildung 3.32: Basisdaten zum Constraint für den Pizza-Durchmesser setzen

Wechseln Sie dann zum Reiter EDITOR (siehe Abbildung 3.33) und erfassen Sie den Code aus Listing 3.1 bis Listing 3.3.

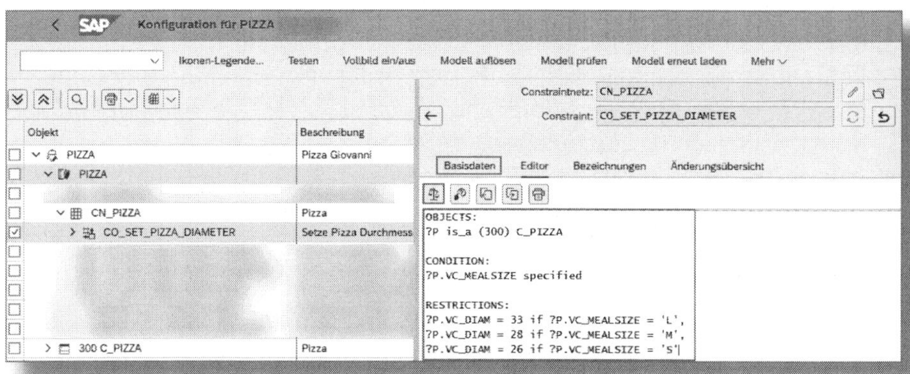

Abbildung 3.33: Constraint-Code »Setze Pizza-Durchmesser«

Mit Klick auf das Icon (zweites von links oberhalb des Codefeldes) haben Sie die Möglichkeit, Coding-Vorschläge aufzurufen. Nehmen wir an, dass Sie die Syntax eines Constraints nach der Eingabe der Objektreferenz (hier »?P«) nicht mehr genau kennen. Positionieren Sie den Cursor im Editor hinter dem letzten Befehl und rufen Sie über das Icon die Eingabehilfe auf. Es öffnet sich ein Fenster mit den dann möglichen Coding-Eingaben (siehe Abbildung 3.34).

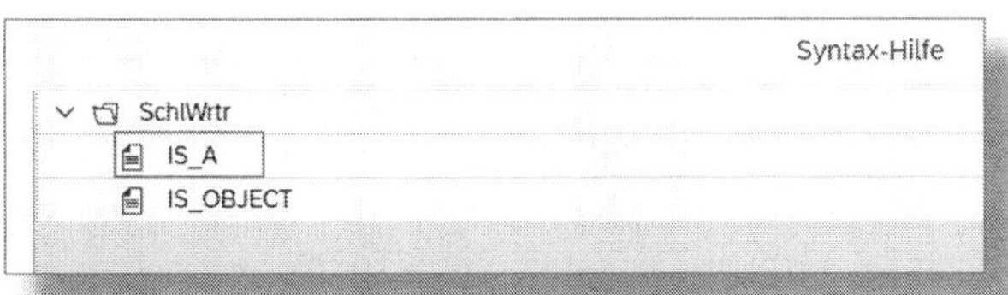

Abbildung 3.34: Coding-Vorschlag

Wählen Sie mit Doppelklick den Eintrag IS_A aus, wird dieser Ihrem Coding hinzugefügt. Rufen Sie anschließend noch einmal die Eingabehilfe auf, erscheinen die nun möglichen Coding-Eingaben usw. Wenn nur eine Möglichkeit besteht (wie hier die offene Klammer) wird diese direkt in das Coding eingefügt.

Prüfen Sie die Syntax mit (erstes Icon ganz links oberhalb des Codefeldes) und speichern Sie das Constraint. Wechseln Sie anschließend zurück zu den BASISDATEN und geben Sie das Constraint in der Drop-down-Box STATUS frei.

Klicken Sie in der Menüzeile auf TESTEN. Es öffnet sich die App »Konfigurationsmodelle simulieren«. Bewerten Sie dort das Merkmal GRÖSSE (VC_MEALSIZE). Anschließend sollte sich das Merkmal DURCHMESSER (VC_DIAM) entsprechend der Größenwahl automatisch füllen (siehe Abbildung 3.35).

Variantentabellen

Wenn wir uns das Coding des obigen Constraints anschauen, könnte man den Teil unter RESTRICTIONS auch mit einer einfachen Tabellenlogik abbilden, wie Tabelle 3.5 sie zeigt.

Wählen Sie dazu in der App »VC Modellierungsumgebung« MEHR • BEARBEITEN • ANLEGEN • VARIANTENTABELLE und vergeben Sie den Namen *VC_PIZZA_DIAM* sowie eine BESCHREIBUNG (siehe Abbildung 3.36).

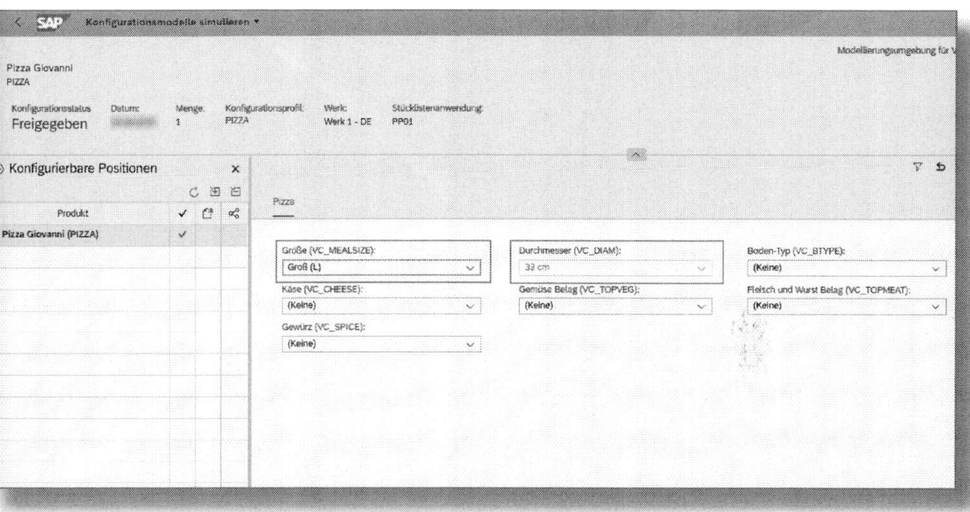

Abbildung 3.35: Simulationsergebnis Pizza-Durchmesser

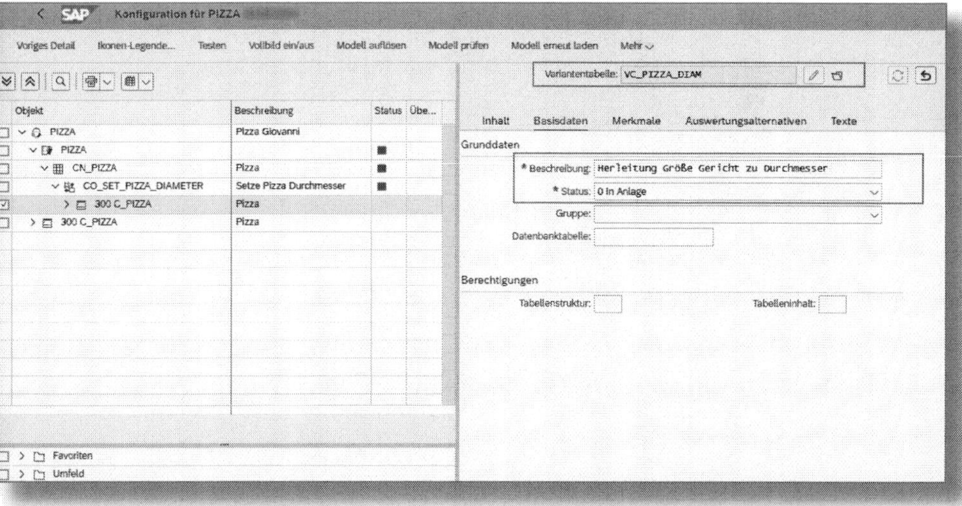

Abbildung 3.36: Variantentabelle, Pizza-Durchmesser – Basisdaten

Wechseln Sie dann auf den Reiter MERKMALE und erfassen Sie die Merkmale als Spalten (siehe Abbildung 3.37).

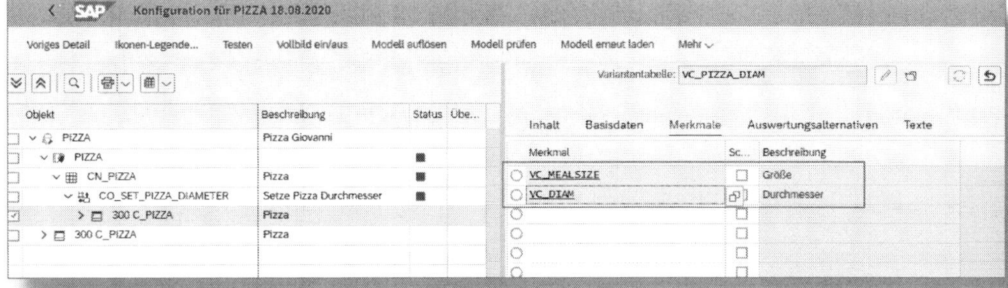

Abbildung 3.37: Variantentabelle, Pizza-Durchmesser – Merkmale

Geben Sie im Reiter BASISDATEN in der Drop-down-Liste STATUS die Variantentabelle frei. Im Reiter INHALT können Sie anschließend die einzelnen Wertekombinationen erfassen (siehe Abbildung 3.38).

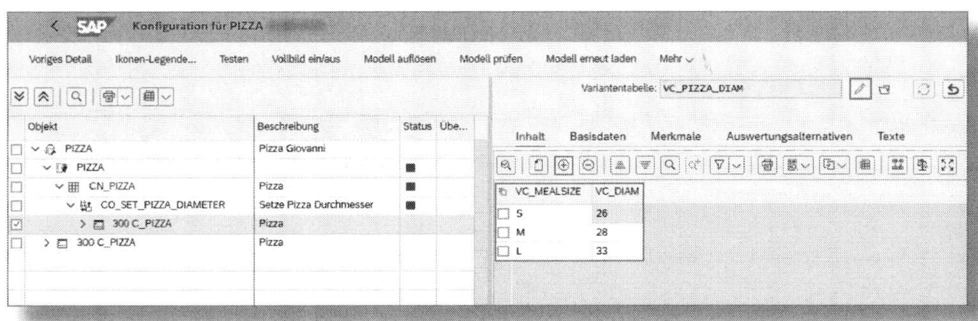

Abbildung 3.38: Variantentabelle, Pizza-Durchmesser – Inhalt

Sichern Sie Ihre Änderungen.

Nun müssen Sie für die Implementierung der Tabellenlogik das Coding des Constraints anpassen (siehe Abbildung 3.39).

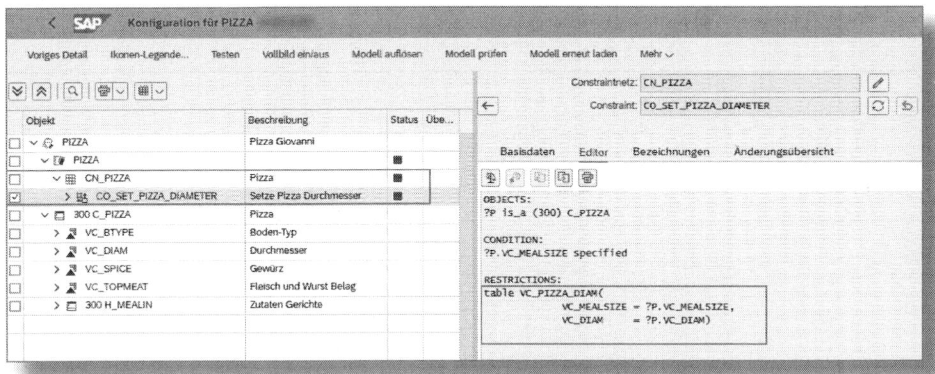

Abbildung 3.39: Constraint für Pizza-Durchmesser

☛ Modellierungspräferenz Variantentabellen

Versuchen Sie, Logik so oft wie möglich über Variantentabellen abzubilden.

Das bietet den Vorteil, dass auch Personen, die keine Kenntnis von der Beziehungswissensyntax haben, die Modelllogik pflegen können. Darüber hinaus gewinnt das Modell an Transparenz.

- **Negative Variantentabellen**

Giovanni hat nach Italiens gewonnener Europameisterschaft einen Grappa zu viel getrunken. Ein Kunde beschwert sich, dass eine Pizza mit Gorgonzola und Ananas nun wirklich nicht schmeckt. Wie können solche nicht schmackhaften Kombinationen ausgeschlossen werden? Der Verzicht auf einen Grappa mit seinen Freunden kann nicht die Lösung sein. Schließlich steht in der nächsten Woche ein Champions-League-Spiel von Juventus Turin an.

Gewisse Kombinationen von Käse und Gemüse (Klassenhierarchieebene »Gericht«) sind nicht schmackhaft und sollen nicht auswählbar sein. Eine Möglichkeit wäre, alle gut aufeinander abgestimmten Kombinationen in eine Variantentabelle einzutragen. Damit wäre ein hoher

Pflegeaufwand verbunden. Eine andere Möglichkeit besteht darin, die nicht schmackhaften Kombinationen zu definieren und dem Modell bekannt zu machen.

Da die Kombinationen von Käse und Gemüse für alle Gerichte gültig sind, z. B. auch für Nudelgerichte, legen wir zunächst eine Variantentabelle auf der Ebene »Gerichte« an (siehe Abbildung 3.40).

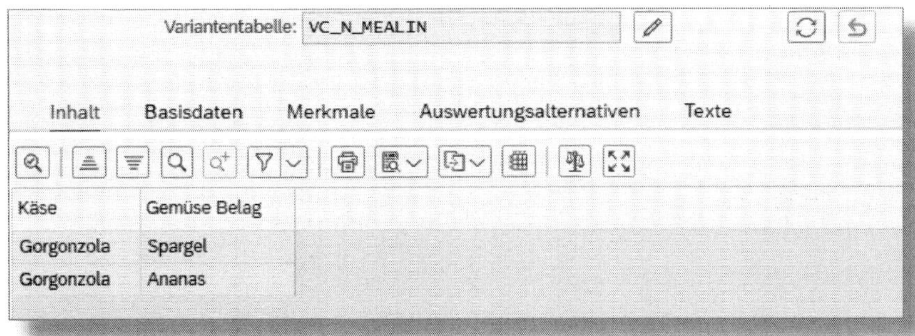

Abbildung 3.40: Negative Variantentabelle für Zutaten »Gericht«

Anschließend legen wir ein neues Constraint-Netz mit einem entsprechenden Constraint an (siehe Abbildung 3.41).

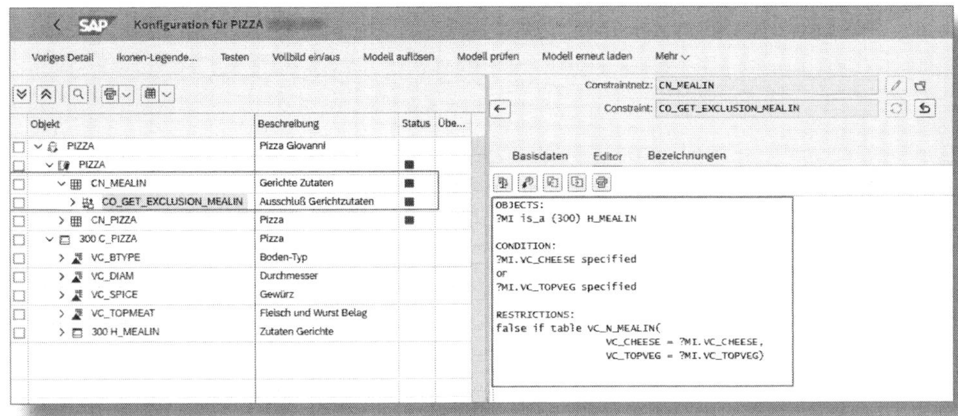

Abbildung 3.41: Constraint zu negativer Variantentabelle für Zutaten »Gericht«

Wie Sie sehen, gibt es ein neues Constraint-Netz CN_MEALIN. Dieses ist logisch verbunden mit der Klasse H_MEALIN. Somit kann das gleiche Constraint-Netz in Verbindung mit der Klasse H_MEALIN auch bei einem anderen konfigurierbaren Material wie z. B. »PASTA« verwendet werden.

In der Konfigurationssimulation wird das gemäß Abbildung 3.42 dargestellt.

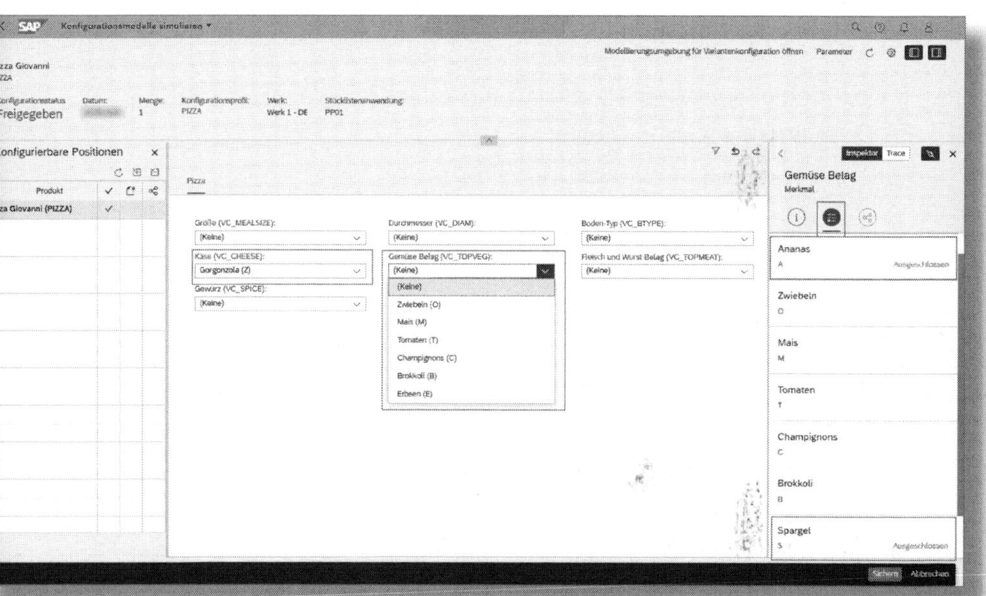

Abbildung 3.42: Ausschlusssimulation Zutaten »Gericht«

Das rechte Bildschirmpanel Gemüse Belag öffnen Sie mit Klick auf rechts oben. Wenn Sie das Merkmal VC_CHEESE mit Gorgonzola (Z) bewerten und anschließend die Drop-down-Liste des Merkmals VC_TOPVEG öffnen, sind die Werte A – Ananas und S – Spargel nicht mehr auswählbar. Wenn Sie den Cursor auf das Merkmal VC_TOPVEG setzen, sehen Sie im rechten Panel die beiden in der negativen Variantentabelle ausgeschlossenen Werte. In diesem Zusammenhang spricht man von *Domäneneinschränkung.*

☛ Weiterentwicklungen im Bereich Variantentabellen

Aktuell gibt es eine Vielzahl von Weiterentwicklungen für Variantentabellen. Zum Beispiel:

- mehrere Einträge pro Zelle,
- Intervallangaben,
- Wildcards
- etc.

Bitte berücksichtigen Sie die für Ihr Release angegebene AVC Improvement List (siehe Abschnitt 9.2).

Prozeduren in der High-Level-Modellierung

Nicht alle Sprachelemente können deklarativ, sprich mit Constraints abgebildet werden. Dazu zählt das Setzen von Vorschlagswerten, die vom User überschrieben werden, oder ein Preis-Faktor, der über Variantenkonditionen abgebildet wird. Setzen Sie Prozeduren möglichst nur sehr sparsam ein. Sie werden immer ausgeführt und in einer definierten Abarbeitungsreihenfolge prozessiert. Zudem können Prozeduren abbrechen, ohne dies mit einer Inkonsistenz im Modell zu quittieren. Beispiele für Prozeduren werden in den folgenden Abschnitten, z. B. im Abschnitt 3.4.8 unter »Faktorpreisbildung«, gezeigt.

☛ Weiterführende Informationen zu Beziehungswissen

Beziehungswissen ist ein mächtiges Werkzeug innerhalb der Modellierung. Machen Sie sich in der SAP-Online-Hilfe und dem SAP Support Portal (siehe Abschnitt 9.1) mit der Syntax und der Funktionsweise von Beziehungswissen vertraut.

3.4.6 Interaktionssteuerung der Bewertungsoberfläche

Oftmals besteht die Anforderung, Merkmale nur unter bestimmten Bedingungen auf der Bewertungsoberfläche anzuzeigen oder sie in gewissen Konstellationen als Pflichteingaben zu deklarieren bzw. deren Anzeigeeigenschaft (Merkmal kann bewertet werden/Merkmal ist »ausgegraut«) zu beeinflussen.

☛ Eingabeeigenschaften mit Bedacht ändern

Nehmen Sie möglichst selten Einfluss auf die Eingabeeigenschaften von Merkmalen. Für die interaktive Konfiguration mag sie zwar Vorteile bringen, für das automatische Befüllen von z. B. Kundenaufträgen mit Konfigurationsdaten via IDocs können diese Regeln aber eher hinderlich sein. Prüfen Sie, ob Sie alternativ Constraints einsetzen können. Bitte berücksichtigen Sie in diesem Zusammenhang auch Abschnitt 3.4.7, »Abarbeitungsreihenfolge«. Darüber hinaus werden Auswahl- und Vorbedingungen an einem Merkmal für alle Modelle aktiv, in denen dieses Merkmal vorkommt.

☛ Vorbedingungen und Auswahlbedingungen nur am Merkmal einsetzen

Es ist auch möglich, Auswahlbedingungen und Vorbedingungen an Merkmalwerten einzusetzen. Unsere Erfahrung zeigt, dass diese Art der Steuerung in der Regel besser durch Constraints abbildbar ist.

☛ Interaktionssteuerung am Ende der Modellierung

Setzen Sie die Interaktionssteuerung erst nach dem Aufbau der Produktlogik auf, da sich das Modell ohne Interaktionssteuerung einfacher testen lässt. Evtl. ist es sinnvoll, die Interaktionssteuerung über ein technisches Merkmal (an/aus) zentral an- oder abzuschalten.

Steuerung der Bewertung

Die Steuerung, ob ein Merkmal bewertet werden darf, kann über eine *Vorbedingung* am Merkmal abgebildet werden.

Nehmen wir an, dass bei der Auswahl von VC_BTYPE (Bodentyp) = »V-Vollkorn« und VC_TOPVEG (Obst/Gemüsebelag) = »B-Brokkoli« das Merkmal VC_TOPMEAT (FLEISCH UND WURST BELAG) nicht bewertet werden darf.

Mit Rechtsklick auf das Merkmal VC_TOPMEAT öffnet sich das Kontextmenü. Wählen Sie BEZIEHUNG ANLEGEN GLOBAL (WIEDERVERWENDBAR). Vergeben Sie eine Bezeichnung für die BEZIEHUNG und wählen Sie die Option VORBEDINGUNG (siehe Abbildung 3.43).

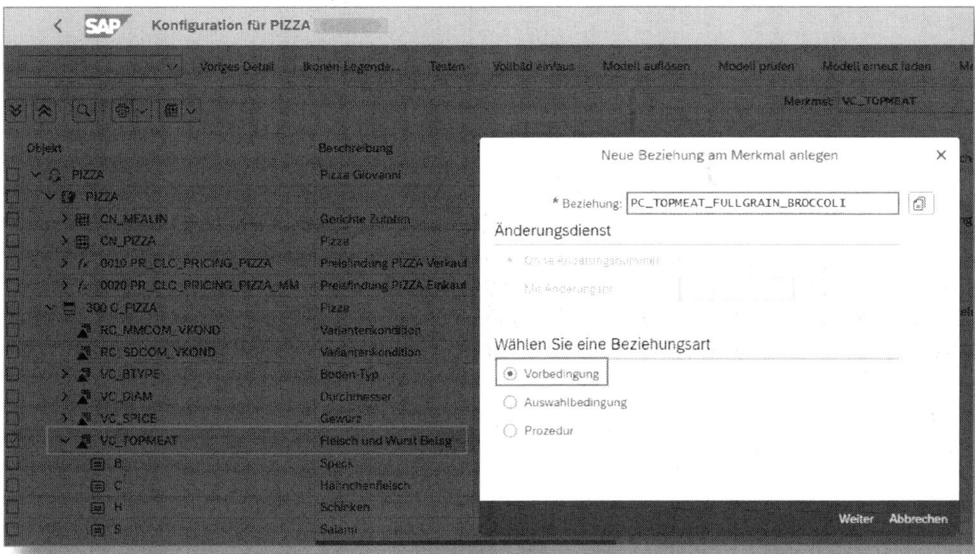

Abbildung 3.43: Vorbedingung, Einstieg

Klicken Sie auf WEITER. Geben Sie im Reiter BASISDATEN eine BEZEICHNUNG ein und stellen Sie den VERARBEITMODUS auf A ERWEITERTE VARIANTENKONFIGURATION. Sie sehen daraufhin in der Konfigurationsstruktur unterhalb des Merkmals VC_TOPMEAT die zugehörige Vorbedingung (siehe Abbildung 3.44).

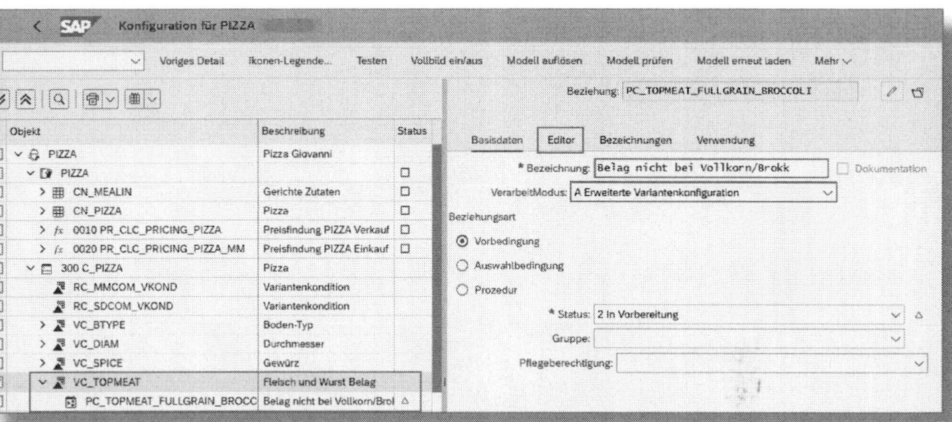

Abbildung 3.44: Vorbedingung, Basisdaten

Wechseln Sie auf den Reiter EDITOR, geben Sie dort das Coding ein und testen Sie die Syntax mit dem markierten Button (siehe Abbildung 3.45).

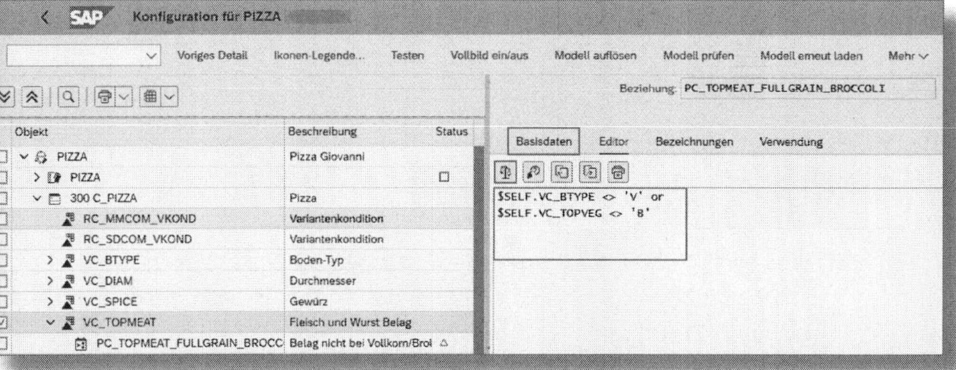

Abbildung 3.45: Vorbedingung, Coding

Wechseln Sie zurück auf den Reiter BASISDATEN und geben Sie im Feld STATUS die Beziehung frei.

Rufen Sie aus der App »VC-Modellierungsumgebung« heraus mit dem Button TESTEN die Simulationsumgebung auf und bewerten Sie die Merkmale wie in Abbildung 3.46.

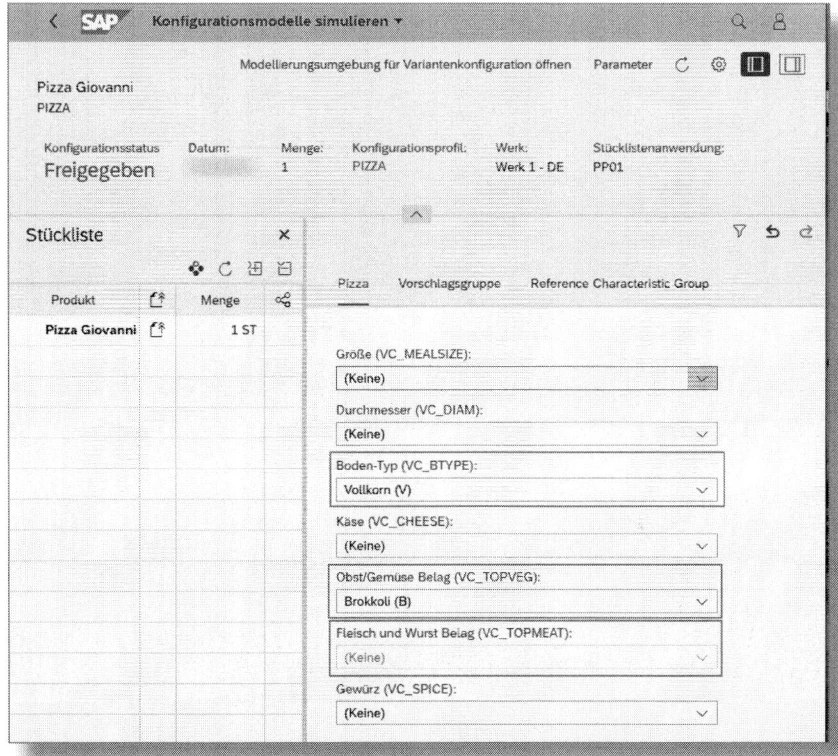

Abbildung 3.46: Vorbedingung, Ergebnis

Das Merkmal VC_TOPMEAT kann nun nicht mehr bewertet werden.

Realisierung von eingabepflichtigen Merkmalen

Wie kann ein Merkmal eingabepflichtig werden? Dafür gibt es zwei Möglichkeiten:

1. Statische Eingabepflicht

Navigieren Sie zu einem Merkmal, z. B. VC_BTYPE, in der App »VC-Modellierungsumgebung«. Auf dem Reiter BASISDATEN kann die Checkbox EINTRAG NOTWENDIG aktiviert werden (siehe Abbildung 3.47).

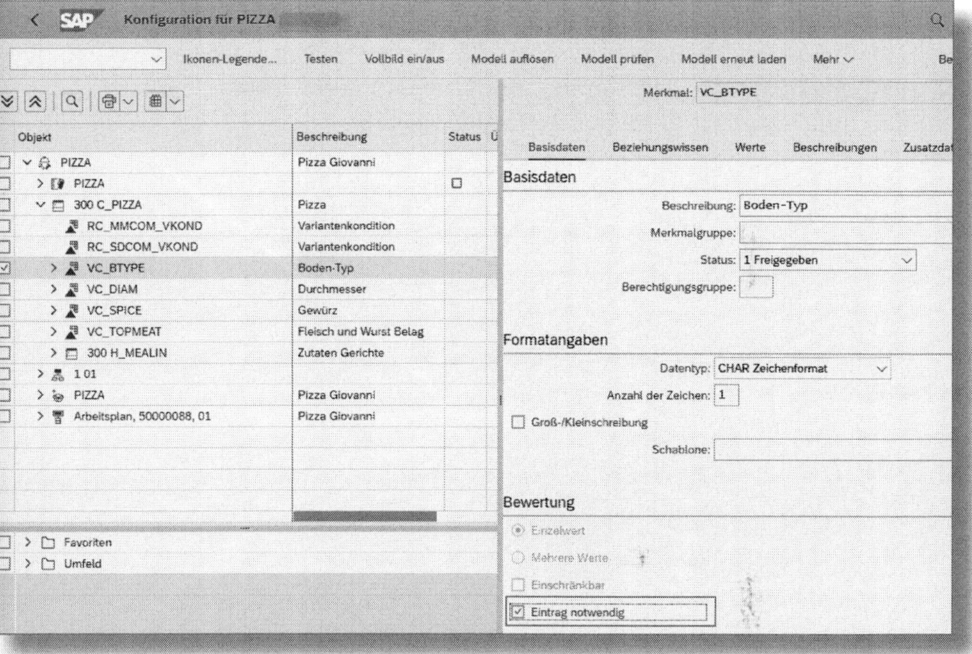

Abbildung 3.47: Merkmalpflege, Pflichtmerkmal

> **! Modellübergreifende Gültigkeit**
>
> Bitte beachten Sie, dass diese Einstellung für alle Modelle gilt, in denen dieses Merkmal verwendet wird.

2. Dynamische, regelbasierte Eingabepflicht

Nehmen wir an, das Merkmal VC_BTYPE (Bodentyp) soll nur dann eingabepflichtig werden, wenn die Merkmale VC_MEALSIZE (Größe) und VC_DIAM (Durchmesser) bewertet wurden.

Mit Rechtsklick auf das Merkmal VC_BTYPE öffnet sich das Kontextmenü. Wählen Sie BEZIEHUNG ANLEGEN GLOBAL (WIEDERVERWENDBAR). Vergeben Sie einen Namen für die Beziehung und wählen Sie die Option AUSWAHLBEDINGUNG (siehe Abbildung 3.48).

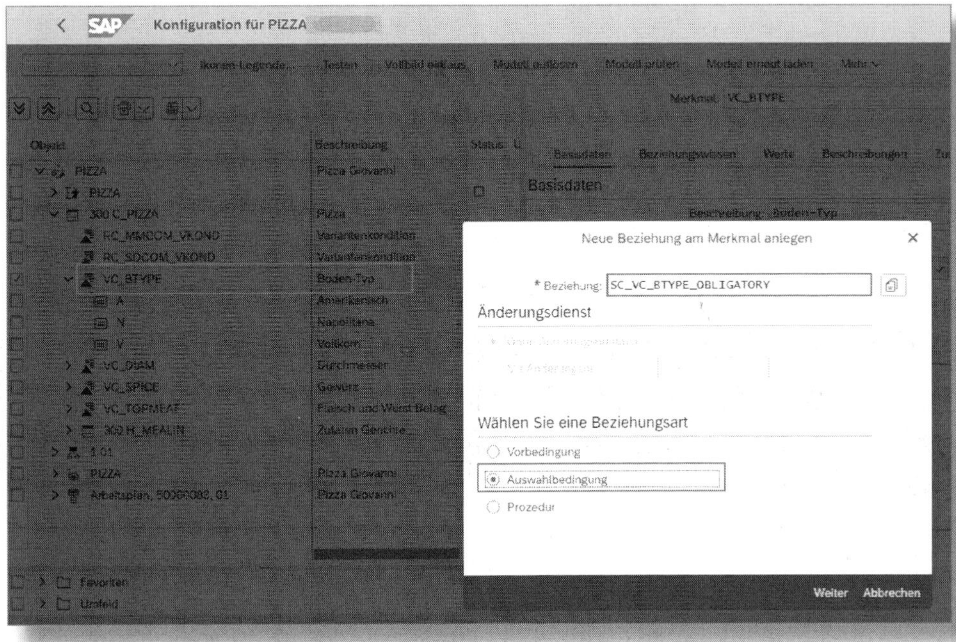

Abbildung 3.48: Auswahlbedingung, Einstieg

Klicken Sie auf WEITER. Geben Sie im Reiter BASISDATEN eine BEZEICHNUNG ein und stellen Sie den VERARBEITMODUS auf A ERWEITERTE VARIANTENKONFIGURATION. Sie sehen in der Konfigurationsstruktur unterhalb des Merkmals VC_BTYPE die zugehörige Auswahlbedingung (siehe Abbildung 3.49).

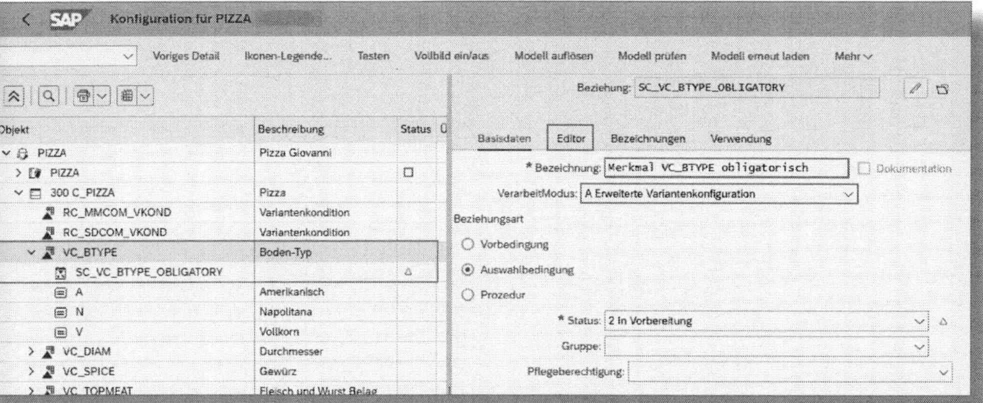

Abbildung 3.49: Auswahlbedingung, Basisdaten

Wechseln Sie auf den Reiter EDITOR, geben Sie dort das Coding ein und testen Sie die Syntax mit dem bekannten Button (siehe Abbildung 3.50).

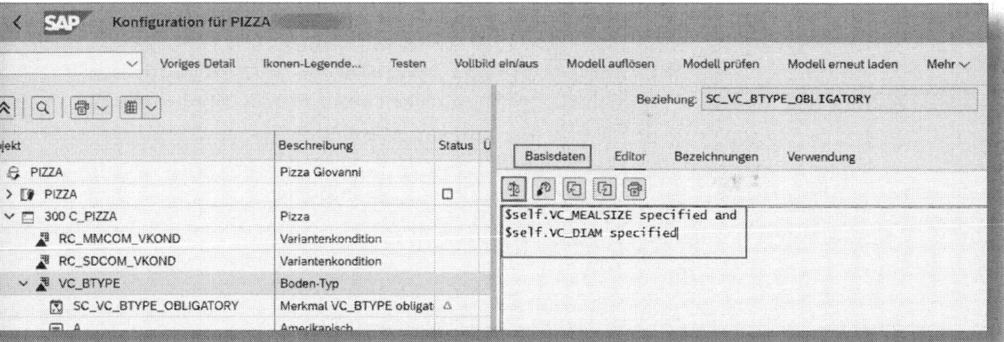

Abbildung 3.50: Auswahlbedingung, Coding

Wechseln Sie auf den Reiter BASISDATEN und geben Sie im Feld STATUS die Beziehung frei.

Rufen Sie wiederum die Simulationsumgebung mit der App »VC-Modellierungsumgebung« auf und bewerten Sie über den Button TESTEN das Merkmal VC_MEALSIZE beliebig (siehe Abbildung 3.51).

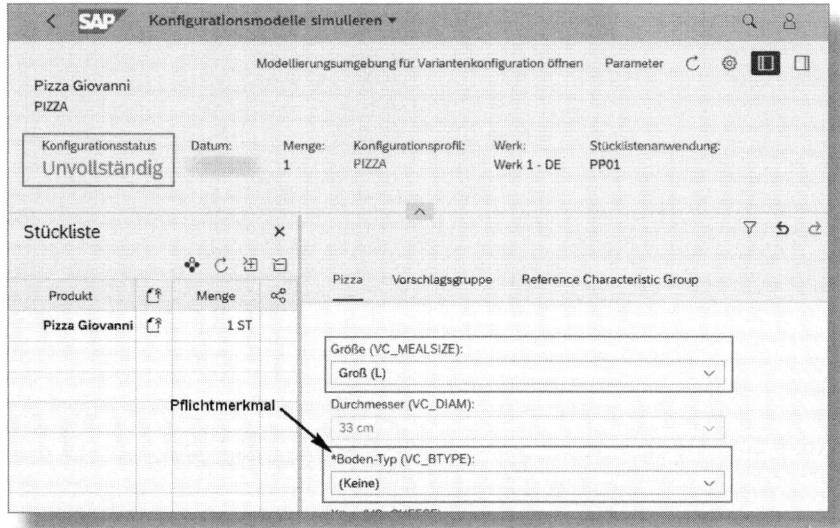

Abbildung 3.51: Auswahlbedingung, Ergebnis

Nach der Bewertung des Merkmals VC_MEALSIZE wird über Beziehungswissen das Merkmal VC_DIAM automatisch gefüllt. Jetzt greift die obige Auswahlbedingung, und das Merkmal VC_BTYPE wird eingabepflichtig (erkennbar an dem Sternchen-Symbol). Gleichzeitig wechselt der Status der Konfiguration von FREIGEGEBEN auf UNVOLLSTÄNDIG. Erst wenn das Merkmal VC_BTYPE bewertet wird, springt der Status wieder auf FREIGEGEBEN (vorausgesetzt, es treten keine anderen Musseingaben oder Unvollständigkeiten auf).

Änderung der Anzeigeeigenschaft von Merkmalen

Wie kann ein Merkmal gegen manuelle Eingaben geschützt bzw. für die Eingabe aktiviert werden? Auch hier haben Sie wieder zwei Möglichkeiten:

1. Statische Anzeigeeigenschaft

Navigieren Sie zu einem Merkmal, z. B. VC_DIAM in der App »VC-Modellierungsumgebung«. Auf dem Reiter ZUSATZDATEN kann die Checkbox im Feld NICHT EINGABEBEREIT aktiviert werden (siehe Abbildung 3.52).

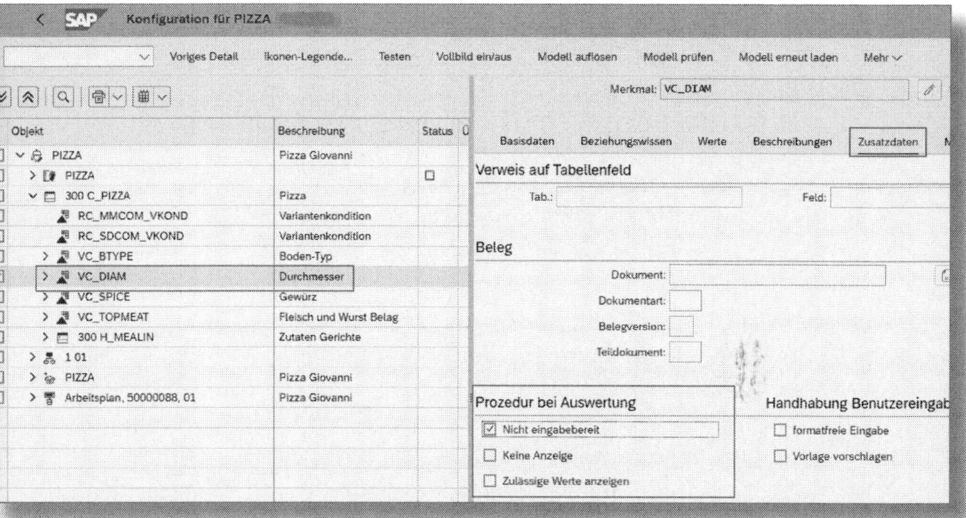

Abbildung 3.52: Merkmalpflege, »Nicht eingabebereit«

Wenn Sie das Kontrollkästchen KEINE ANZEIGE aktivieren, wird das Merkmal bei der Bewertung nicht dargestellt. Das Kontrollkästchen ZULÄSSIGE WERTE ANZEIGEN bewirkt, dass Merkmale mit Werteliste bei der Bewertung angezeigt werden. Das funktioniert im vorliegenden Release leider nicht.

Bitte beachten Sie auch hier: Diese Einstellung ist für alle Modelle aktiv, in denen dieses Merkmal verwendet wird.

2. Dynamische, regelbasierte Herleitung der Anzeigeeigenschaft

Hier gibt es vier unterschiedliche Steuerungsparameter:

- INVISIBLE:
  Merkmal wird ausgeblendet (funktioniert mit dem vorliegenden Release noch nicht, ist jedoch für die On-Premise-Version 2020 angekündigt)

- INPUT:
  Merkmal wird eingabebereit
- NO_INPUT:
  Merkmal wird nicht eingabebereit
- RESET:
  Alle drei oben genannten Herleitungen über Beziehungswissen werden zurückgenommen

Diese Steuerung wird über Objektmerkmale (siehe Abschnitt 3.4.2) mit Bezug zur Struktur »SCREEN_DEP« realisiert.

Nehmen wir an, Sie wollen dem Benutzer erst dann das Merkmal VC_SPICE (Gewürze) zur Eingabe zur Verfügung stellen, wenn das Merkmal VC_MEALSIZE bewertet wurde.

Dafür legen Sie ein Merkmal *RC_SCREEN_DEP_NO_INPUT* mit der App »Merkmale verwalten« an. Verzweigen Sie direkt nach Eingabe des Merkmalnamens auf den Reiter ZUSATZDATEN. Dort geben Sie als TABELLENNAME *SCREEN_DEP* und als FELDNAME *NO_INPUT* ein (siehe Abbildung 3.53).

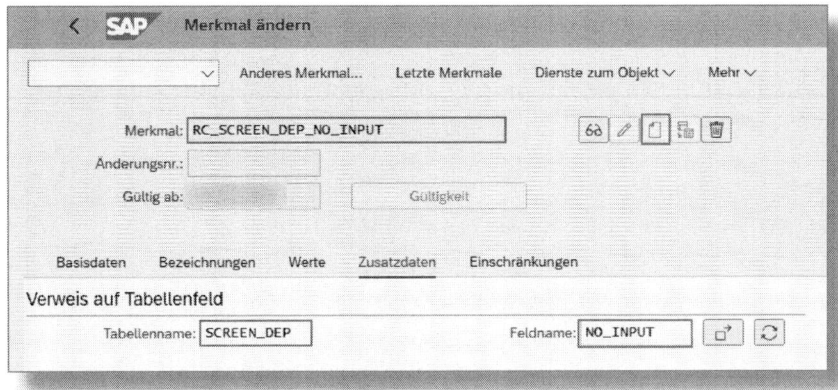

Abbildung 3.53: Objektmerkmal »NO_INPUT«

Nachdem Sie mit [↵] bestätigt haben, werden die Formatangaben der Struktur in das Merkmal übertragen. Das System zeigt nun die Basisdaten. Das Merkmal soll MEHRWERTIG sein, damit mehrere Merkmale diese Eigenschaft erhalten können (siehe Abbildung 3.54).

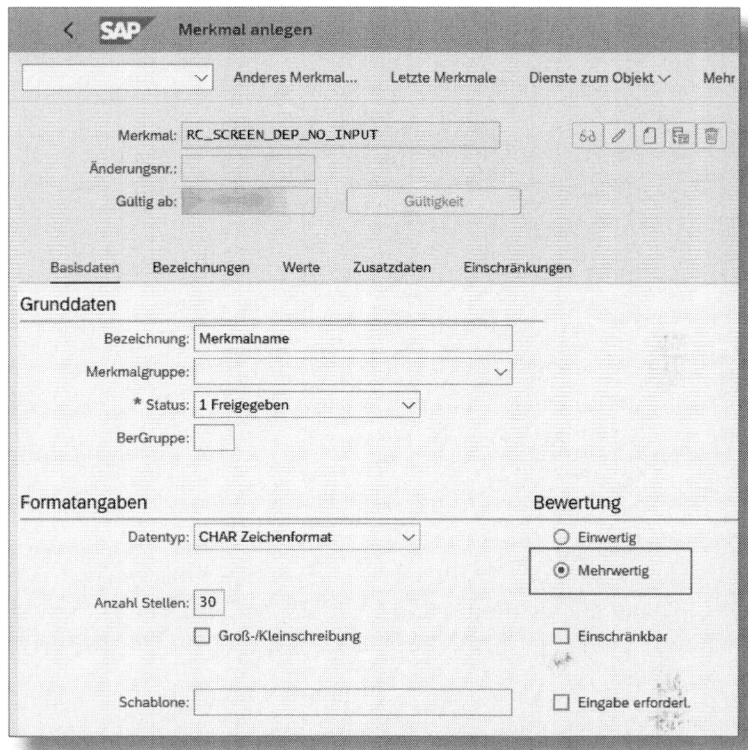

Abbildung 3.54: Objektmerkmal »NO_INPUT«, Basisdaten

Sichern Sie das Merkmal und ordnen Sie es der Klasse H_MEAL zu (siehe Abschnitt 3.4.3).

☛ Steuerung über Prozedur am Konfigurationsprofil

Die Logik in Form des Beziehungswissens können Sie am Merkmal VC_SPICE oder am Konfigurationsprofil hinterlegen. Wir empfehlen die Anlage am Konfigurationsprofil, da hier die Abarbeitungsreihenfolge bestimmt werden kann und das Modell übersichtlicher wird.

Rufen Sie die App »VC-Modellierungsumgebung« auf. Öffnen Sie das Kontextmenü mit rechtem Mausklick auf das Konfigurationsprofil und wählen Sie BEZIEHUNG ANLEGEN • GLOBAL (WIEDERVERWENDBAR). Geben Sie als Namen *PR_SET_SCREEN_DEP_NO_INPUT* ein und wählen Sie die Option PROZEDUR (hier nicht angezeigt). Vergeben Sie anschließend in den BASISDATEN eine BEZEICHNUNG (siehe Abbildung 3.55).

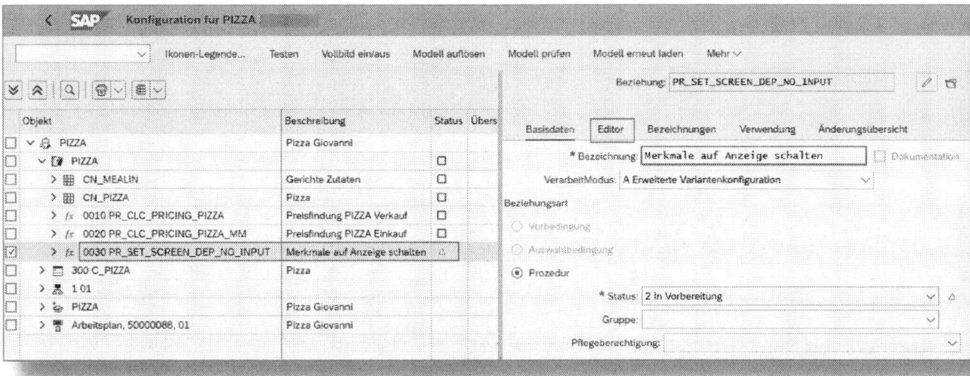

Abbildung 3.55: Prozedur Anzeigeeigenschaft, Basisdaten

Wechseln Sie dann auf den Reiter EDITOR, erfassen Sie dort das Coding aus Abbildung 3.56 und prüfen Sie es mit dem Button .

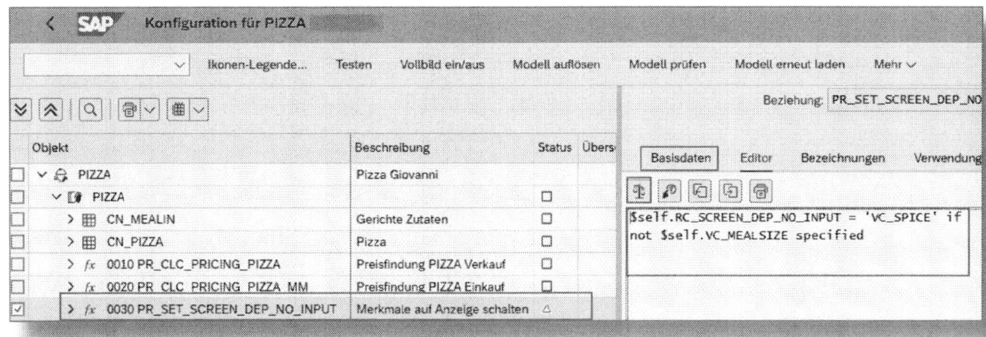

Abbildung 3.56: Prozedur Anzeigeeigenschaft, Coding

Dem Objektmerkmal wurde der Name desjenigen Merkmals (VC_SPICE) zugewiesen, dessen Anzeigeeigenschaft manipuliert werden soll.

Rufen Sie aus der App »VC-Modellierungsumgebung« heraus die Simulationsumgebung mit dem Button TESTEN auf. Hier sehen Sie, dass das Merkmal VC_SPICE ausgegraut dargestellt ist (siehe Abbildung 3.57).

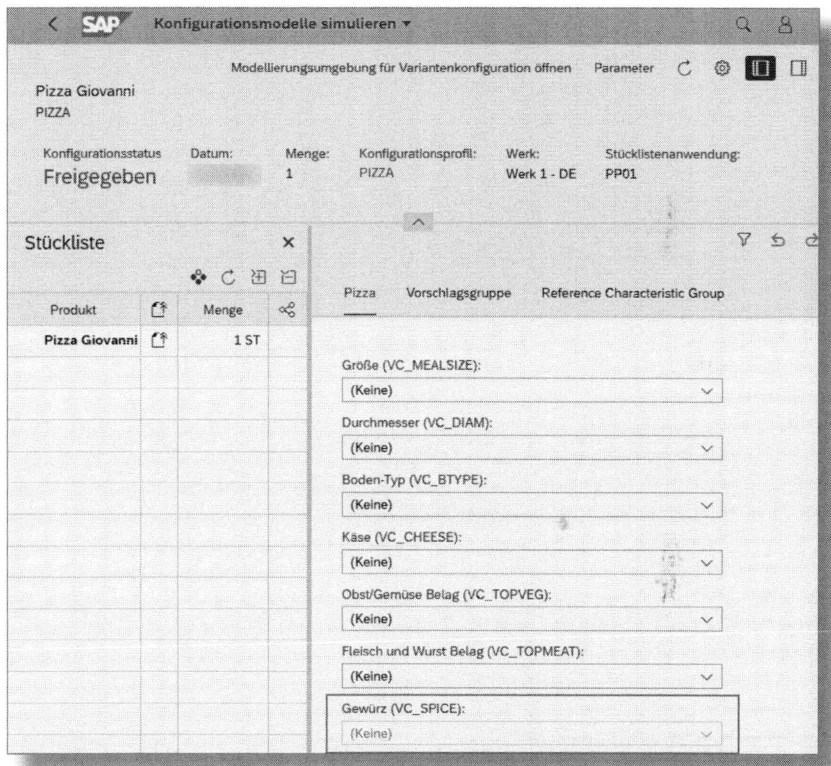

Abbildung 3.57: Anzeigeeigenschaft, Ergebnis

Sobald Sie das Merkmal VC_MEALSIZE beliebig bewerten, wird das Merkmal VC_SPICE wieder eingabebereit.

3.4.7 Weiterführende Informationen zum Beziehungswissen

Beziehungswissen und Objektzuordnungen

In der Tabelle 3.6 finden Sie alle Objekte, die mit Beziehungswissen versehen werden können.

Objekt¤	High-/Low-Level	Prozeduren¤	Vor-bedingungen¤	Auswahl-bedingungen¤	Constraint-↵ Netze¤
Konfigurationsprofil¤	H¤	X¤	¤	¤	X¤
Merkmale¤	H¤	X¤	X¤	X¤	¤
Merkmalwerte¤	H¤	(X)¤	(X)¤	(X)¤	¤
Stücklistenpositionen¤	H¤	X¤	¤	X¤	¤
Merkmale¤	L¤	X¤	¤	X¤	¤
Merkmalwerte¤	L¤	X¤	¤	X¤	¤
Stücklistenpositionen¤	L¤	X¤	¤	X¤	¤
Arbeitsplanfolgen¤	L¤	¤	¤	X¤	¤
Arbeitsplanvorgänge¤	L¤	X¤	¤	X¤	¤
Fertigungshilfsmittel¤	L¤	X¤	¤	X¤	¤

Tabelle 3.6: Beziehungswissen und Objektzuordnungen

Das Kennzeichen (X) bedeutet, dass die Zuordnung zwar möglich ist, aber nicht empfohlen wird.

Abarbeitungsreihenfolge

Um ein tieferes Verständnis davon zu gewinnen, wie die AVC-Engine arbeitet, ist es wichtig, sich ein Bild über die Abarbeitungsreihenfolge von Beziehungswissen zu machen:

1. **Prozeduren** je einmal in folgender Reihenfolge:
    - Am Konfigurationsprofil nach der Sortierung
    - An Merkmalen
    - An Merkmalwerten (nicht empfohlen)

2. **Constraints** werden parallel zu den Prozeduren ausgeführt und unterliegen keiner speziellen Reihenfolge. Sie werden dann abgearbeitet, wenn alle im OBJECTS-Teil angegebenen Objekte vorhanden und die im CONDITIONS-Teil hinterlegten Bedingungen erfüllt sind.

3. **Vorbedingungen**

4. **Auswahlbedingungen**

Anlage von Beziehungswissen mit Assistenten

In Abschnitt 3.4.5 haben wir unter »Variantentabellen« ein Constraint ohne Assistenten erstellt. Für erfahrene Modellierer wird das kein Problem sein. Für das grundlegende Verständnis von Beziehungswissen sind diese Assistenten jedoch sehr hilfreich.

Wenn Sie das Kontextmenü am Konfigurationsprofil aufrufen, finden Sie den Eintrag TABELLENCONSTRAINT MIT ASSISTENT ANLEGEN.

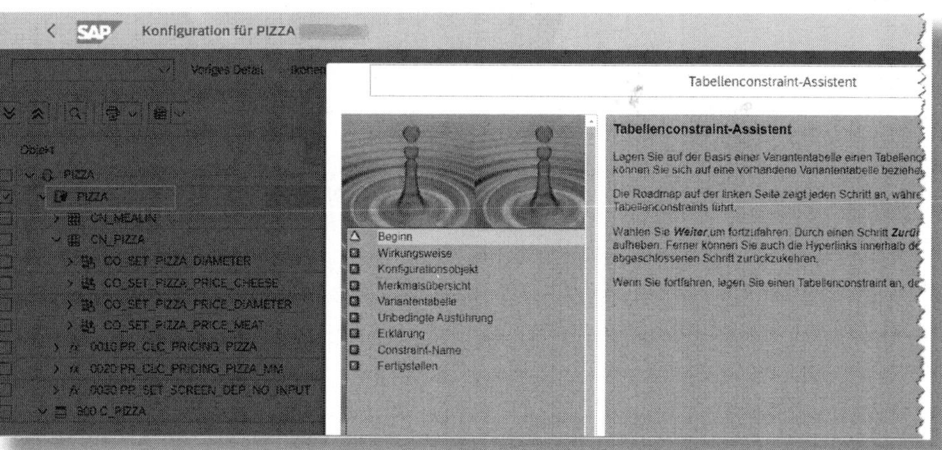

Abbildung 3.58: Tabellenconstraint-Assistent

Hier können Sie Schritt für Schritt, ohne Wissen über die Syntax, ein auf einer Variantentabellenlogik basierendes Constraint anlegen.

Ein BEZIEHUNGSWISSEN ASSISTENT erscheint, wenn Sie das Kontextmenü an einem Merkmal aufrufen.

3.4.8 Preisfindung

Oftmals werden für gewisse Merkmalbewertungen Preiszuschläge zum definierten Grundpreis festgelegt. Die dafür notwendige Logik wird mittels Beziehungswissen im Konfigurationsmodell abgebildet.

Weiterführende Informationen zur Preisfindung

Die Preisfindung in Verbindung mit dem Beziehungswissen kann komplex werden. Machen Sie sich in der SAP-Online-Hilfe (siehe Abschnitt 9.1) mit der allgemeinen Preisfindung (Komponente SD-BF-PR) und der Preisfindung in Verbindung mit Variantenkonditionen im Vertrieb und Einkauf vertraut. Wir decken im Buch nur die grundlegenden Techniken exemplarisch ab.

Preisfindung im Vertrieb

Lassen Sie uns von folgender Annahme ausgehen: Der Grundpreis einer jeden Pizza beträgt 5 EUR.

Dafür legen wir einen Konditionssatz für das konfigurierbare Material PIZZA an. Rufen Sie dazu die App »Konditionssätze anlegen« auf, geben Sie die Konditionsart *PPR0* ein und bestätigen Sie. Wählen Sie im Folgedialog die Option MATERIAL MIT FREIGABESTATUS aus. Pflegen Sie dann den Konditionssatz (siehe Abbildung 3.59).

Variantenpreisfindung

Um die im Modell ermittelten Konditionsschlüssel an das Kalkulationsschema im Vertriebsbeleg zu übergeben, benötigen wir ein Objektmerkmal (siehe Abschnitt 3.4.2), das auf das TABELLENFELD *SDCOM-VKOND* verweist (siehe Abbildung 3.60). Technisch betrachtet, handelt es sich bei SDCOM um eine Struktur.

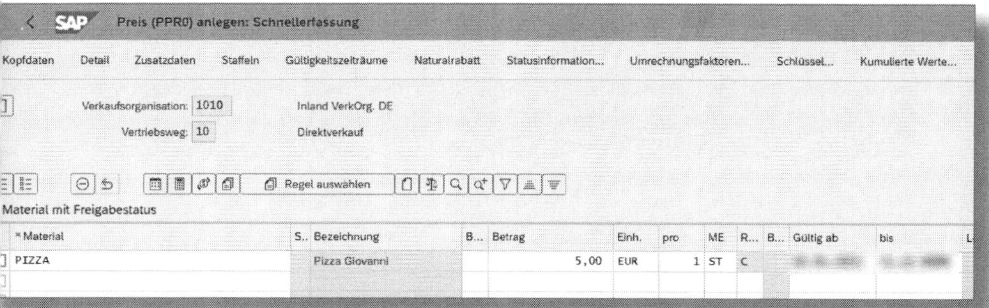

Abbildung 3.59: Konditionssatz – Grundpreis anlegen

Merkmal: RC_SDCOM_VKOND

Basisdaten | Beziehungswissen | Werte | Beschreibungen | Zusatzdaten

Verweis auf Tabellenfeld

Tab.: SDCOM | Feld: VKOND

Beleg

Dokument:
Dokumentart:
Belegversion:
Teildokument:

Prozedur bei Auswertung

☑ Nicht eingabebereit
☐ Keine Anzeige
☐ Zulässige Werte anzeigen

Handhabung Benutzereingabe

☐ formatfreie Eingabe

Abbildung 3.60: Objektmerkmal mit Bezug zum Strukturfeld SDCOM-VKOND

Das Merkmal wird nach Eintragung des Strukturfeldes automatisch **mehrwertig** (siehe Reiter BASISDATEN).

Danach ordnen wir das Merkmal der Variantenklasse H_MEAL zu (siehe Abbildung 3.20) – ein solches Preismerkmal wird für alle Produkte Giovannis benötigt.

Für die einzelnen Zutaten kalkuliert Giovanni die in Tabelle 3.7 gelisteten Aufschläge.

Merkmal	Merkmalwert	Preis-schlüssel	Aufpreis EUR
VC_DIAM – Durchmesser	28 cm	VC_DIAM_28	1
	33 cm	VC_DIAM_33	2
VC_TOPMEAT – Fleischbelag	S-Salami	VC_TOPMEAT_S	1
	B-Speck	VC_TOPMEAT_B	1
	H-Schinken	VC_TOPMEAT_H	1
	C-Hähnchenfleisch	VC_TOPMEAT_C	1,50

Tabelle 3.7: Preisaufschläge

Die Preisschlüssel sind Zeichenketten, die über Beziehungswissen in das mehrwertige Merkmal RC_SDCOM_VKOND geschrieben werden. Hierzu legen wir ein neues Constraint für den Zuschlag des Durchmessers an (siehe Abbildung 3.61).

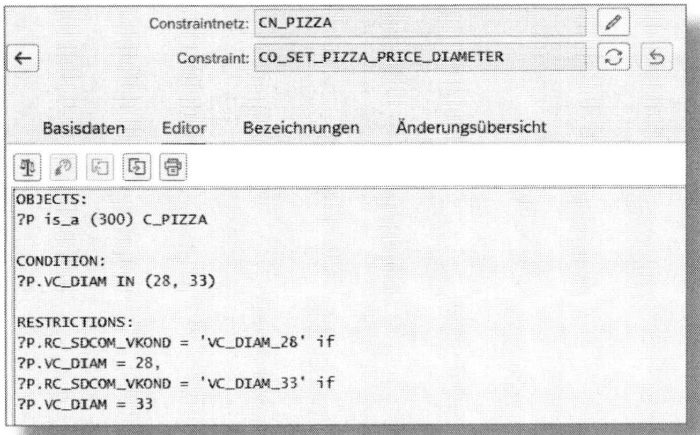

Abbildung 3.61: Constraint zum Preiszuschlag für Durchmesser

Für die Zuschlagsermittlung »Fleischbelag« legen wir ebenfalls ein neues Constraint wie in Abbildung 3.62 an.

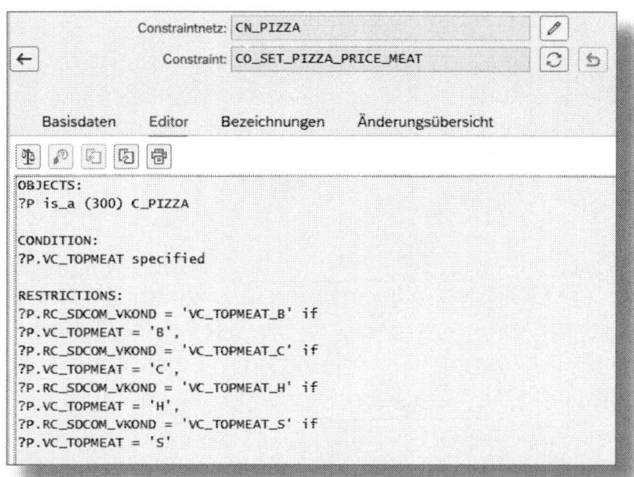

Abbildung 3.62: Constraint für Preiszuschlag Fleischbelag

Jetzt benötigen wir noch die entsprechenden Konditionssätze. Rufen Sie dazu die App »Konditionssätze anlegen« auf, geben Sie die Konditionsart *PVA0* ein und bestätigen Sie. Pflegen Sie dann die Konditionssätze gemäß Abbildung 3.63.

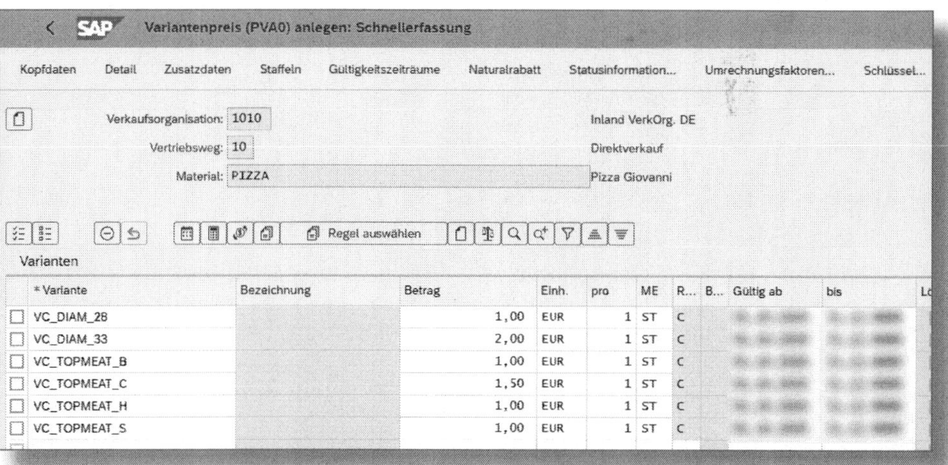

*Variante	Bezeichnung	Betrag	Einh.	pro	ME	R...	B...	Gültig ab	bis
VC_DIAM_28		1,00	EUR	1	ST	C			
VC_DIAM_33		2,00	EUR	1	ST	C			
VC_TOPMEAT_B		1,00	EUR	1	ST	C			
VC_TOPMEAT_C		1,50	EUR	1	ST	C			
VC_TOPMEAT_H		1,00	EUR	1	ST	C			
VC_TOPMEAT_S		1,00	EUR	1	ST	C			

Abbildung 3.63: Pflege der Variantenkonditionssätze

> **! Zeichenketten im Preismerkmal und in der Konditionspflege**
>
> Achten Sie darauf, dass die Einträge in der Spalte VARIANTE mit den Zeichenketten im Beziehungswissen übereinstimmen. Berücksichtigen Sie ebenfalls Groß- und Kleinschreibung.
>
> Sollte im Beziehungswissen eine Zeichenkette in einem Preismerkmal (hier RC_SDCOM_VKOND) eingesetzt werden, zu dem kein Konditionssatz existiert, erscheint im Standard keine Fehler- oder Warnmeldung. Hier kommen oft Add-Ons zum Einsatz, die auf diese Fehlersituation mit dem Konfigurationsstatus »Inkonsistenz« reagieren.

In der App »Variantenkonditionen bearbeiten« können Sie nun sprechende BEZEICHNUNGEN für die Varianten-Preisschlüssel pflegen (siehe Abbildung 3.64).

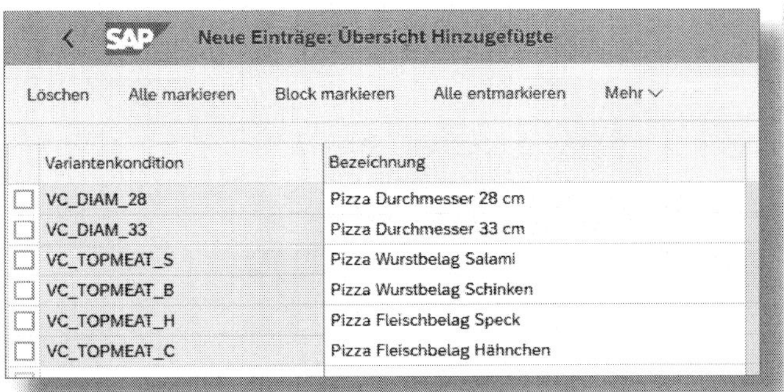

Variantenkondition	Bezeichnung
VC_DIAM_28	Pizza Durchmesser 28 cm
VC_DIAM_33	Pizza Durchmesser 33 cm
VC_TOPMEAT_S	Pizza Wurstbelag Salami
VC_TOPMEAT_B	Pizza Wurstbelag Schinken
VC_TOPMEAT_H	Pizza Fleischbelag Speck
VC_TOPMEAT_C	Pizza Fleischbelag Hähnchen

Abbildung 3.64: Variantenkonditionen – Pflege Bezeichnungen

Diese Bezeichnungen werden oft auf den Kundenformularen ausgedruckt.

Faktorpreisbildung

Die Preiszuschläge (vgl. Tabelle 3.7) sind für einen Durchmesser von 26 cm kalkuliert. Der Aufschlag soll für jeden größeren Durchmesser nochmals hinzugerechnet werden.

Faktorpreisbildung anhand des Durchmessers

Das Modell soll bei der Auswahl von Hähnchenfleisch bei einem Durchmesser von 28 cm 3 EUR Aufschlag und bei einem Durchmesser von 33 cm 4,50 EUR Aufschlag ermitteln.

Der entsprechende Konditionsschlüssel muss also bei der Auswahl »Durchmesser 28 cm« und »Hähnchenfleisch« mit dem Faktor 2, und bei der Auswahl »Durchmesser 33 cm« und »Hähnchenfleisch« mit dem Faktor drei versehen werden.

Die Abbildung der Faktoren der Konditionsschlüssel erfolgt mittels der *Built-in*-Funktion »$SET_PRICING_FACTOR«. Diese kann im vorliegenden Release OP1909 nur innerhalb einer Prozedur verwendet werden. Sie legen also mit einem Klick der rechten Maustaste auf das Konfigurationsprofil und dann BEZIEHUNG ANLEGEN • GLOBAL (WIEDERVERWENDBAR) eine Prozedur zum Konfigurationsprofil an (siehe Abbildung 3.65).

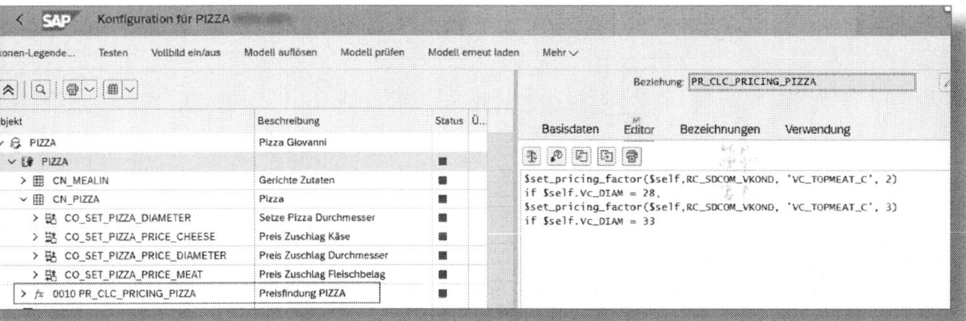

Abbildung 3.65: Faktorpreisbildung im Verkauf

Damit ist die Stammdatenpflege für die Preisfindung abgeschlossen.

Preisfaktorbildung in Constraints

Ab S/4HANA On-Premise Release 2020 und S/4HANA Cloud 2008 kann das Sprachelement $SET_PRICING_FACTOR auch in Constraints verwendet werden.

Test der Preisfindung im Vertriebsbeleg

Sie erstellen mit der App »Anfrage anlegen« eine Anfrage für den Vertriebsbereich 1010/10/00 (siehe Abbildung 3.66).

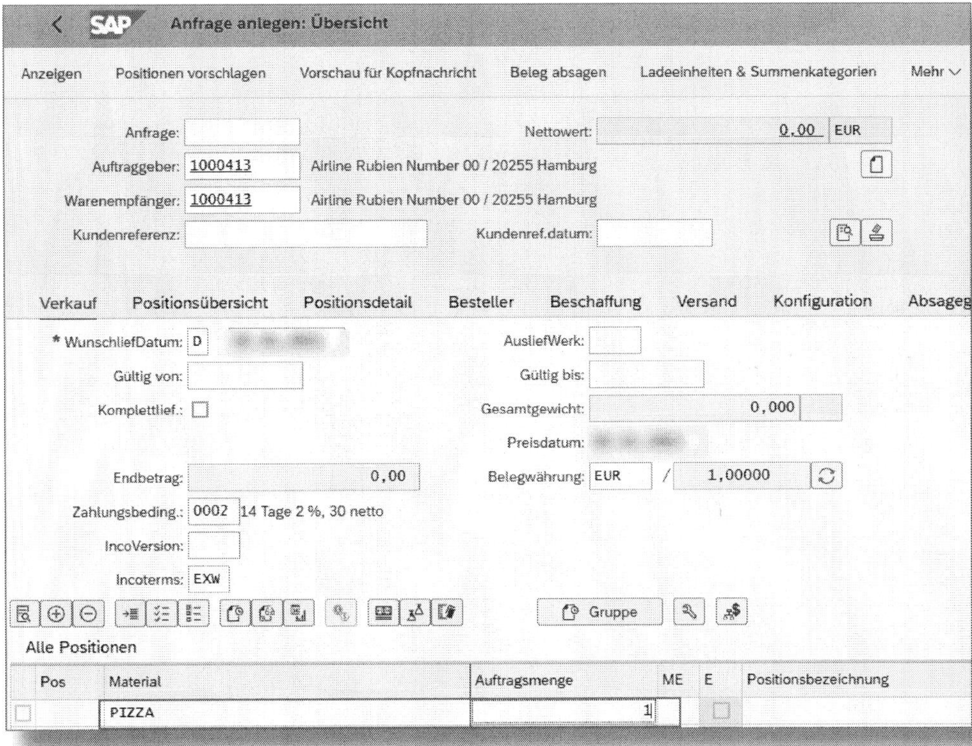

Abbildung 3.66: Anfrage anlegen

Anschließend nehmen Sie die Merkmalbewertung vor (siehe Abbildung 3.67).

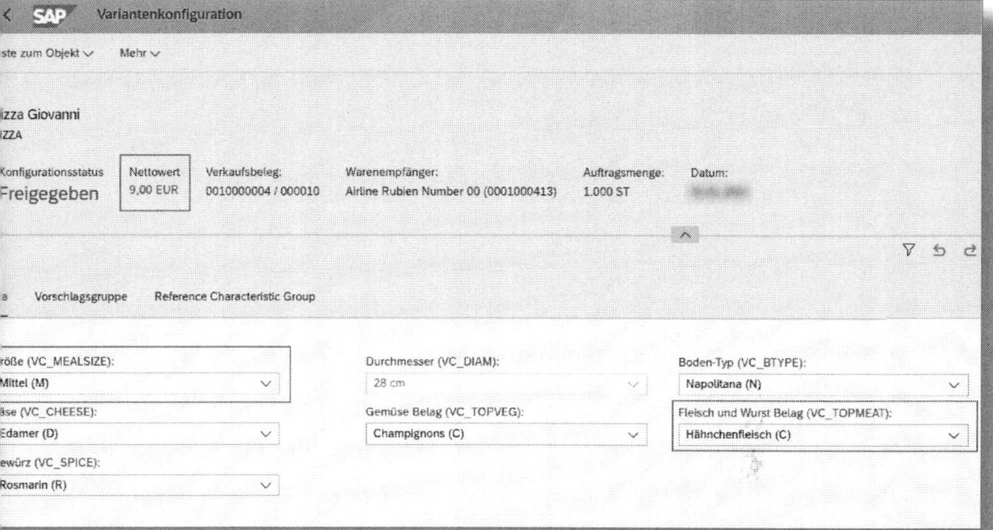

Abbildung 3.67: Variantenpreis-Konfiguration für Vertriebsbeleg

Vielleicht haben Sie es bei der Merkmalbewertung schon festgestellt: Direkt nach der Bewertung eines preisrelevanten Merkmals (hier VC_DIAM und/oder VC_TOPMEAT) wird der Nettowert im oberen Bildschirmbereich aktualisiert. Dies wird oft als *mitlaufende Preisfindung* bezeichnet. Durch Klick auf den NETTOWERT erhalten Sie die zugehörigen Detailinformationen (siehe Abbildung 3.68).

Verlassen Sie nun die Konfiguration und rufen Sie in der Positionsübersicht der Anfrage über den Button [icon] die Konditionsübersicht auf (siehe Abbildung 3.69).

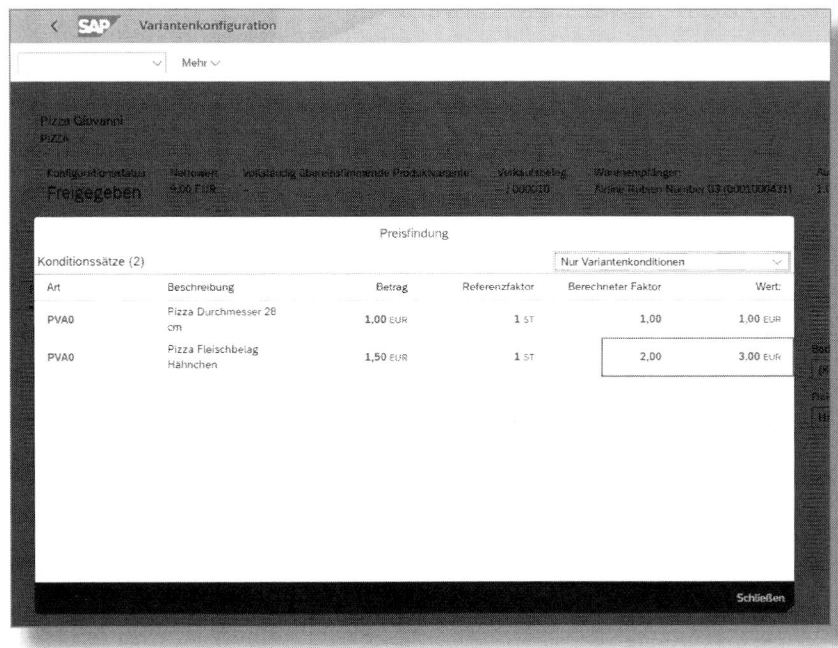

Abbildung 3.68: Detailinformationen Variantenzuschläge

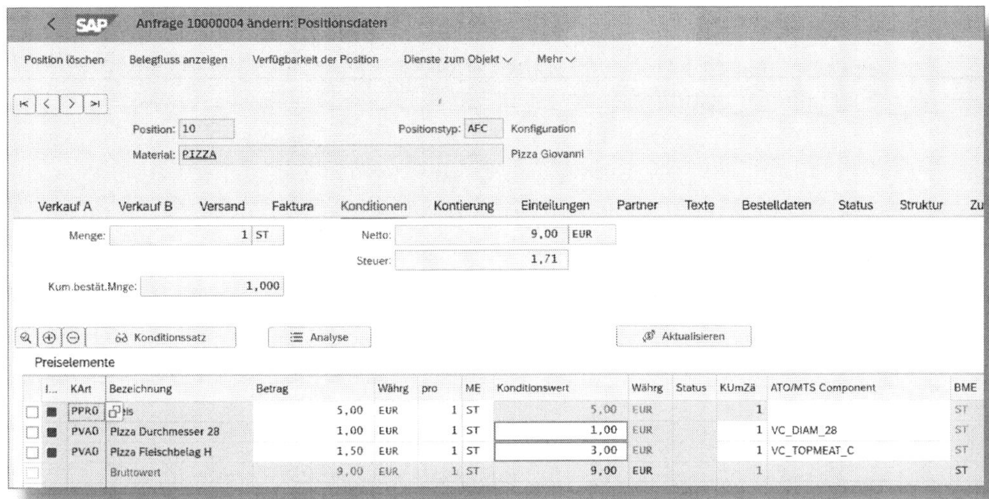

Abbildung 3.69: Positionskonditionen im Vertriebsbeleg

Der Konditionssatz »Pizza Fleischbelag H« wurde mit dem Faktor 2 multipliziert. In der Spalte ATO/MTS COMPONENT sehen Sie den Variantenkonditionsschlüssel.

Preisfindung im Einkauf

Giovannis Verkaufszahlen schnellen in die Höhe. Die eingehenden Bestellungen sind aufgrund seiner begrenzten Ofenkapazitäten nicht mehr zu erfüllen, und seine Mama will endlich kürzertreten. Er entscheidet sich dazu, einige Bestellungen über seinen Schwager zu beziehen. Dafür hat er mit ihm einen Grundpreis von 6,00 EUR für eine Pizza mit einem Durchmesser von 26 cm vereinbart. Für die jeweiligen variantenabhängigen Aufpreise hat er ebenfalls eine Preisvereinbarung abgeschlossen (siehe Tabelle 3.8). Natürlich verhandelt Giovanni bei einer Flasche Chianti einen ordentlichen Rabatt mit seinem Schwager aus (hier aus Wettbewerbsgründen nicht angezeigt).

Merkmal	Merkmalwert	Preisschlüssel	Aufpreis EUR
VC_DIAM – Durchmesser	28 cm	VC_DIAM_28	1,20
	33 cm	VC_DIAM_33	2,40
VC_TOPMEAT – Fleischbelag	S-Salami	VC_TOPMEAT_S	1,50
	B-Speck	VC_TOPMEAT_B	1,50
	H-Schinken	VC_TOPMEAT_H	1,50
	C-Hähnchenfleisch	VC_TOPMEAT_C	2,00

Tabelle 3.8: Preisaufschläge Fremdbeschaffung

Legen Sie zunächst einen *Einkaufsinfosatz* an, mit dem Sie bestimmen, bei welchem Lieferanten die Pizza bezogen werden soll. Dazu rufen Sie die App »Einkaufsinfosatz anlegen« auf. Tragen Sie im Einstiegsbildschirm den LIEFERANTEN, das MATERIAL, die EINKAUFSORGANISATION und das WERK ein. Als INFOTYP wählen Sie NORMAL. In der Sicht ALLGEMEINE DATEN sollten keine Eingaben notwendig sein. Die dort angezeigten Werte werden aus dem Materialstamm übernommen. Klicken Sie dann in der Symbolleiste auf den Button EINKAUFSORGDATEN1. Tragen Sie dort die PLANLIEFERZEIT, die EINKÄUFERGRUPPE, die NORMALMENGE und 6,00 EUR als NETTOPREIS ein (siehe Abbildung 3.70).

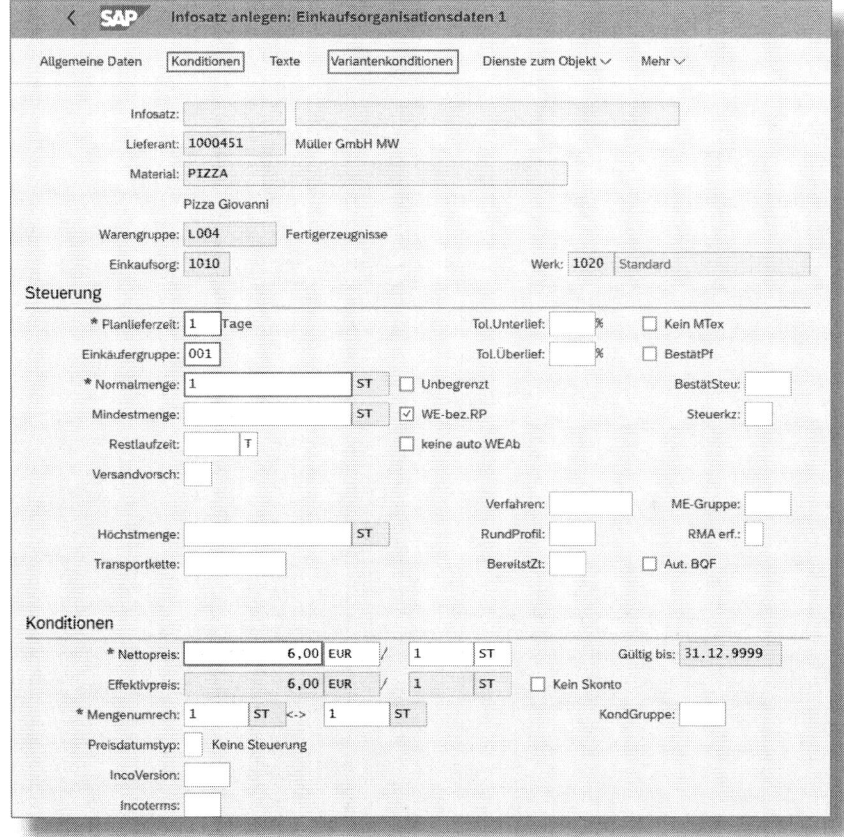

Abbildung 3.70: Einkaufsinfosatz – Einkaufsorganisationsdaten 1

Navigieren Sie anschließend mit Klick auf KONDITIONEN in die Bruttopreispflege und erfassen Sie dort einen Netto-Grundpreis von 6,00 EUR (siehe Abbildung 3.71).

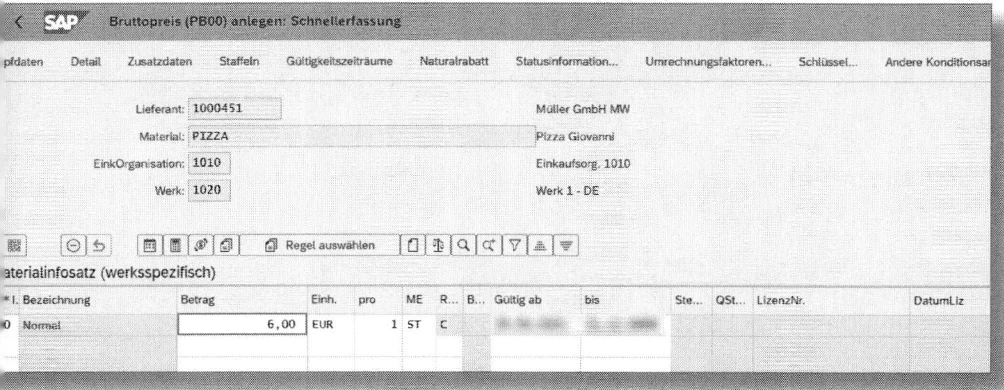

Abbildung 3.71: Einkaufsinfosatz – Pflege Bruttopreis

Verlassen Sie die Pflege mit ❮ (Zurück) und wählen Sie VARIANTENKONDITIONEN aus der Symbolleiste. Tragen Sie im Folgebild einen Konfigurationsschlüssel ein, z. B. »VC_DIAM_28«, markieren Sie diesen und klicken Sie auf AUSWÄHLEN. Anschließend haben Sie die Wahl zwischen *absoluten Zuschlägen* (Konditionsart VA00) oder *prozentualen Zuschlägen* (Konditionsart VA01). Wählen Sie VA00 und erfassen Sie die Zuschläge gemäß Abbildung 3.72.

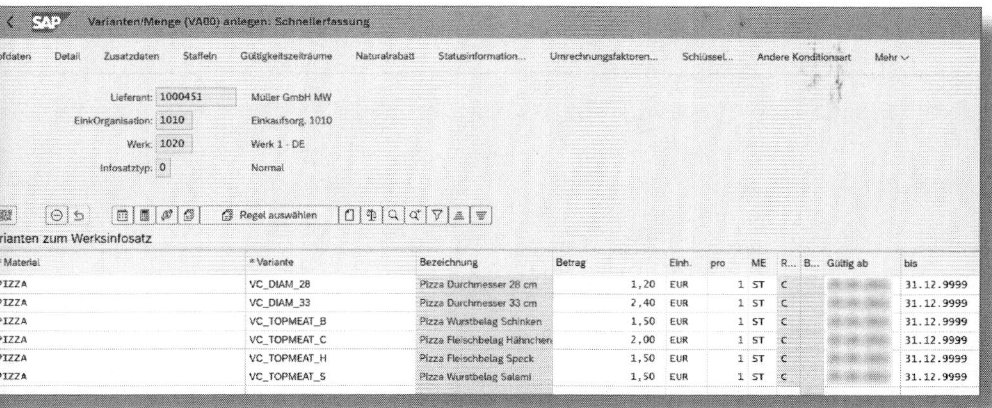

Abbildung 3.72: Einkaufsinfosatz Variantenkonditionen anlegen

Legen Sie jetzt analog zum Objektmerkmal RC_SDCOM_VKOND für die Vertriebspreisfindung ein Objektmerkmal RC_MMCOM_VKOND für die Preisfindung in der Bestellung an. Ordnen Sie das Merkmal der Klasse H_MEAL zu.

Anschließend können Sie über eine Prozedur am Konfigurationsprofil die Faktorpreisbildung darstellen (siehe Abbildung 3.73).

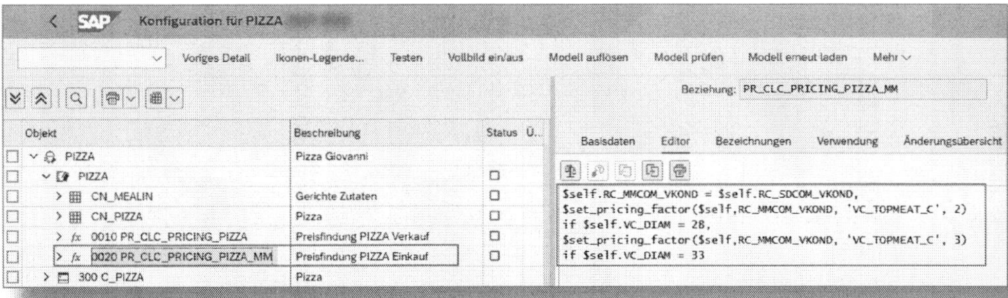

Abbildung 3.73: Faktorpreisbildung im Einkauf

Die erste Zeile des Codings bewirkt, dass die Konditionsschlüssel, die im Verkauf ermittelt wurden, auch für den Einkauf gültig sind. Deshalb ist es wichtig, dass die Prozedur zur Ermittlung der Konditionsschlüssel im Verkauf vor der Ermittlung im Einkauf durchlaufen wird (siehe Abbildung 3.74).

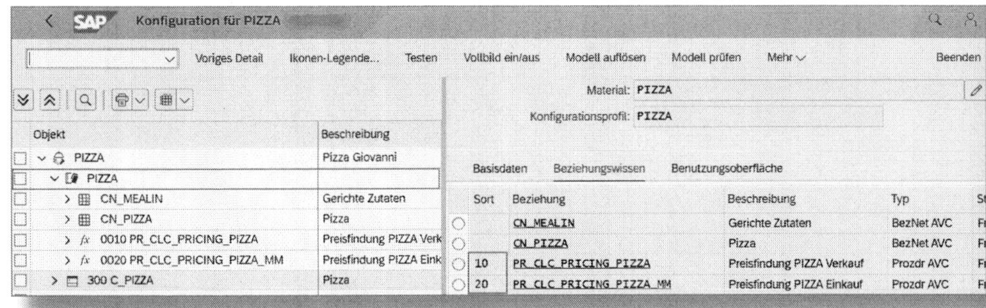

Abbildung 3.74: Abarbeitungsreihenfolge der Prozeduren

Somit werden die im Vertriebspreismerkmal »RC_SDCOM_VKOND« ermittelten Konditionsschlüssel in das Einkaufspreismerkmal »RC_MMCOM_VKOND« übertragen.

Test der Preisfindung in der Bestellung

Sie können die Preisfindung testen, indem Sie, wie in Abschnitt 4.1.5 unter »Bestellung« beschrieben, mit der App »Bestellung anlegen« eine neue Bestellung mit Bezug zu einer Bestellanforderung erzeugen.

Der Bruttopreis wird aus dem Infosatz und den im Modell hinterlegten Regeln ermittelt (siehe Abbildung 3.75).

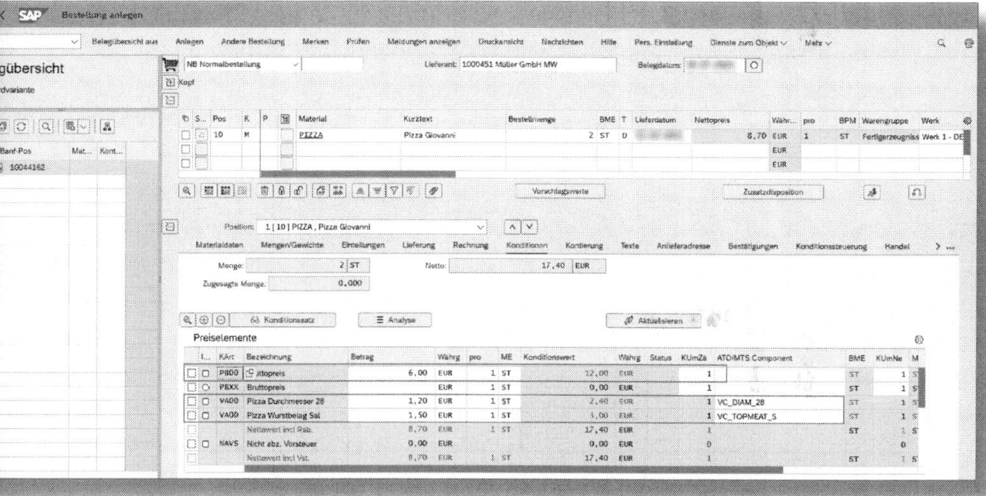

Abbildung 3.75: Positionskonditionen im Einkaufsbeleg

Lassen Sie sich nicht von der roten Ampel vor der Konditionsart PBXX-BRUTTOPREIS irritieren. Diese Konditionsart ist für die manuelle Eingabe eines Einkaufspreises gedacht. Sie ist im Standard-Kalkulationsschema obligatorisch, weshalb der Beleg hier als unvollständig ausgewiesen wird. Wenn Sie die Bestellung speichern möchten, tragen Sie an dieser Stelle einfach einen fiktiven Wert ein.

3.5 Low-Level-Modell

Mit *Low-Level-Modell* ist der Teil des Modells gemeint, der im Hintergrund prozessiert wird. Das kann etwa die Auflösung des Maximalarbeitsplans oder der Maximalstückliste mit Beziehungswissen in einem Bedarfsplanungslauf sein. Schauen wir uns das Beispiel im Weiteren genauer an.

3.5.1 Maximalstückliste

Die Maximalstückliste enthält sämtliche Komponenten, die zur Fertigung aller möglichen Merkmalsausprägungen benötigt werden.

Pflegen Sie die Maximalstückliste mit der App »Stückliste pflegen«. Betätigen Sie im Einstiegsbildschirm den Button STÜCKLISTE ANLEGEN und füllen Sie die Felder wie in Abbildung 3.76 aus.

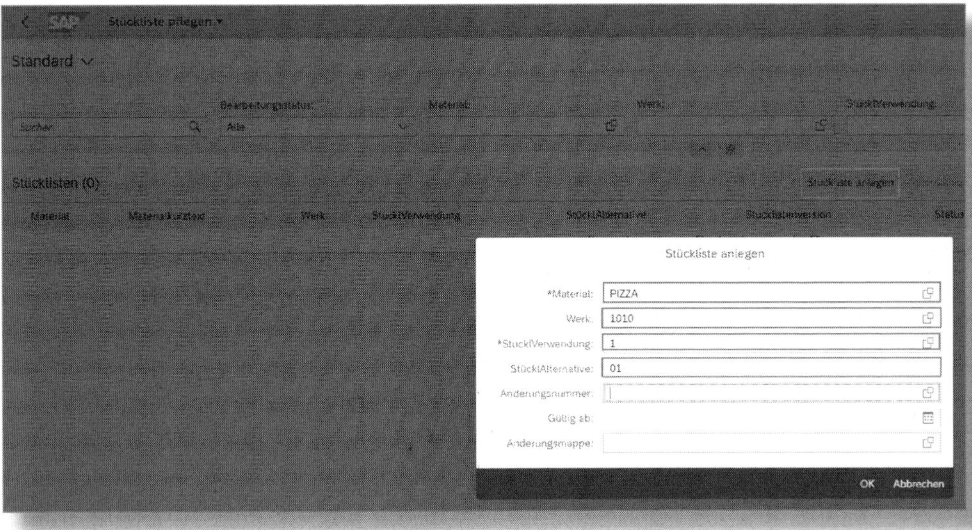

Abbildung 3.76: Stückliste Pizza anlegen

Gerne werden Dummy-Baugruppen als Strukturierungsebene eingebaut, um eine Wiederverwendung in anderen Maximalstücklisten zu gewährleisten. In unserem Beispiel wollen wir auf der ersten Stufe der Stückliste die Dummy-Baugruppen aus Abbildung 3.77 verwenden.

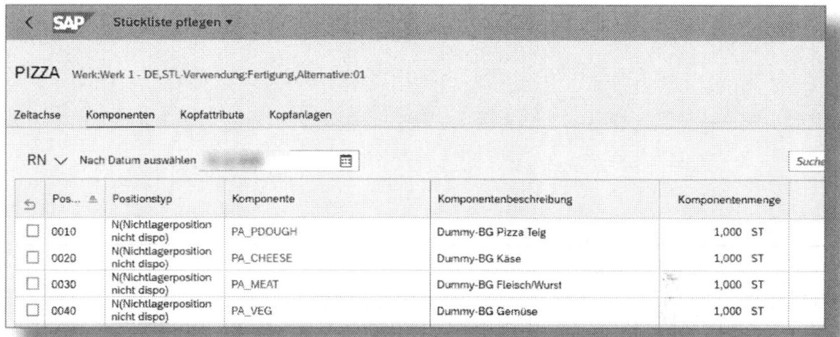

Abbildung 3.77: Stückliste Pizza, Ebene 1 – Dummy-Baugruppen

Legen Sie die Materialstämme der Dummy-Baugruppen an. Diese müssen konfigurierbar sein, erfordern aber kein Konfigurationsprofil, da sie nur als Strukturelemente fungieren und daher keine eigene Merkmalbewertung und Prozesssteuerung benötigen. In der Sicht DISPOSITION 2 im Materialstamm muss der SONDERBESCHAFFUNGSSCHLÜSSEL *50* eingetragen werden.

Anschließend legen Sie die Stücklisten der Dummy-Baugruppen an. Pflegen Sie diese analog zu der Pizza-Stückliste, und zwar ebenfalls mit der Verwendung 1 – FERTIGUNG in der App »Stückliste pflegen«. Nehmen Sie als Positionen alle benötigten Halbteile auf (wird hier nicht gezeigt).

Das Ergebnis zeigt Ihnen die App »VC Modellierungsumgebung« (siehe Abbildung 3.78).

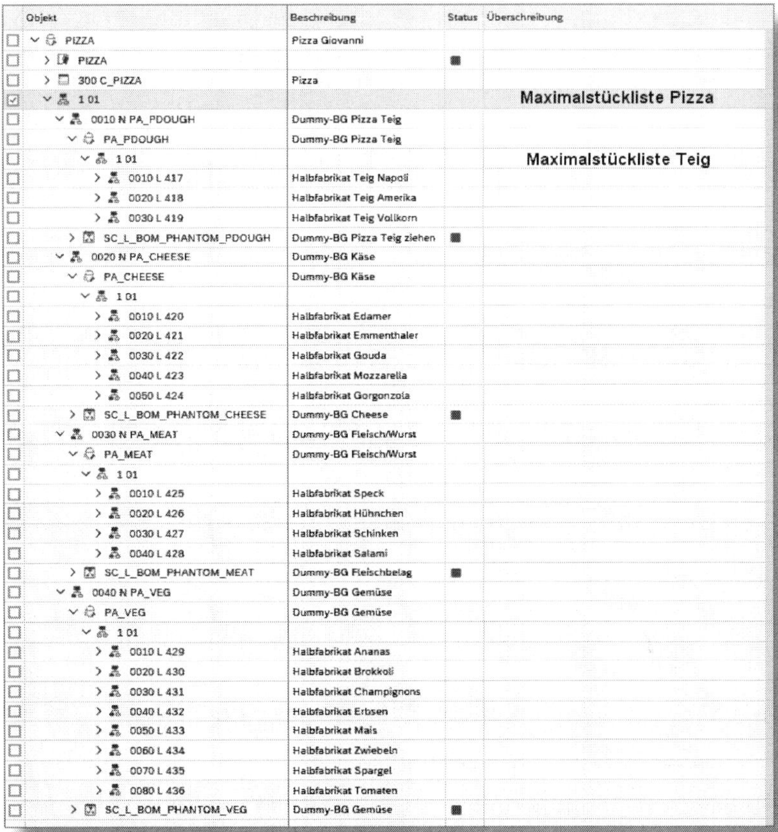

Objekt	Beschreibung	Status	Überschreibung
⌄ PIZZA	Pizza Giovanni		
› PIZZA		■	
› 300 C_PIZZA	Pizza		
⌄ 1 01			Maximalstückliste Pizza
⌄ 0010 N PA_PDOUGH	Dummy-BG Pizza Teig		
⌄ PA_PDOUGH	Dummy-BG Pizza Teig		
⌄ 1 01			Maximalstückliste Teig
› 0010 L 417	Halbfabrikat Teig Napoli		
› 0020 L 418	Halbfabrikat Teig Amerika		
› 0030 L 419	Halbfabrikat Teig Vollkorn		
› SC_L_BOM_PHANTOM_PDOUGH	Dummy-BG Pizza Teig ziehen	■	
⌄ 0020 N PA_CHEESE	Dummy-BG Käse		
⌄ PA_CHEESE	Dummy-BG Käse		
⌄ 1 01			
› 0010 L 420	Halbfabrikat Edamer		
› 0020 L 421	Halbfabrikat Emmenthaler		
› 0030 L 422	Halbfabrikat Gouda		
› 0040 L 423	Halbfabrikat Mozzarella		
› 0050 L 424	Halbfabrikat Gorgonzola		
› SC_L_BOM_PHANTOM_CHEESE	Dummy-BG Cheese	■	
⌄ 0030 N PA_MEAT	Dummy-BG Fleisch/Wurst		
⌄ PA_MEAT	Dummy-BG Fleisch/Wurst		
⌄ 1 01			
› 0010 L 425	Halbfabrikat Speck		
› 0020 L 426	Halbfabrikat Hühnchen		
› 0030 L 427	Halbfabrikat Schinken		
› 0040 L 428	Halbfabrikat Salami		
› SC_L_BOM_PHANTOM_MEAT	Dummy-BG Fleischbelag	■	
⌄ 0040 N PA_VEG	Dummy-BG Gemüse		
⌄ PA_VEG	Dummy-BG Gemüse		
⌄ 1 01			
› 0010 L 429	Halbfabrikat Ananas		
› 0020 L 430	Halbfabrikat Brokkoli		
› 0030 L 431	Halbfabrikat Champignons		
› 0040 L 432	Halbfabrikat Erbsen		
› 0050 L 433	Halbfabrikat Mais		
› 0060 L 434	Halbfabrikat Zwiebeln		
› 0070 L 435	Halbfabrikat Spargel		
› 0080 L 436	Halbfabrikat Tomaten		
› SC_L_BOM_PHANTOM_VEG	Dummy-BG Gemüse	■	

Abbildung 3.78: Maximalstücklistenstruktur

An jedem Maximalstücklisten-Knoten stehen die Verwendung (hier 1 für Fertigung) und die Alternative (hier 01 für erste Alternative).

Aber wie werden jetzt die richtigen Stücklistenkomponenten zu einer konfigurierten Kundenauftragsposition ausgewählt?

Auswahl von Stücklistenpositionen

Dazu wird Beziehungswissen in Form von sogenannten *Auswahlbedingungen* an den Stücklistenpositionen verwendet. Auswahlbedingungen können im Ergebnis nur »erfüllt« oder »nicht erfüllt« (Position wird nicht in das Auflösungsergebnis übernommen) sein.

Rufen Sie das Kontextmenü an der Stücklistenposition PA_CHEESE auf und wählen Sie BEZIEHUNG ANLEGEN • GLOBAL (siehe Abbildung 3.79).

Abbildung 3.79: Stückliste Pizza, Auswahlbedingung anlegen

Vergeben Sie einen technischen Namen für die Auswahlbedingung (Dialog hier nicht gezeigt) und bestätigen Sie. Im folgenden Bild geben Sie eine sprachabhängige BEZEICHNUNG ein (siehe Abbildung 3.80).

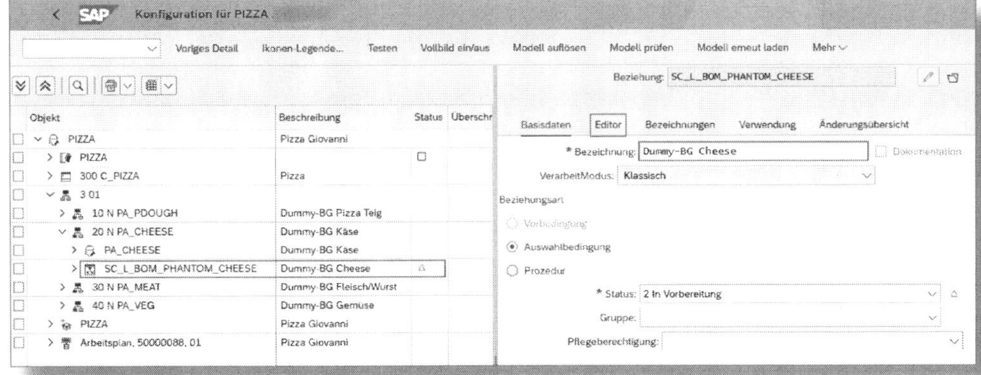

Abbildung 3.80: Stückliste Pizza, Auswahlbedingung Basisdaten

☛ Low-Level-Beziehungswissen ist Engine-unabhängig

Das Feld VERARBEITMODUS ist nicht änderbar – Low-Level-Beziehungswissen ist im Gegensatz zu dem in High-Level-Modellen grundsätzlich nur im Modus KLASSISCH ausführbar. Eine veränderte bzw. erweiterte Funktionsweise gegenüber der klassischen Engine LO-VC gibt es in der neuen AVC Engine nicht.

Wechseln Sie auf den Reiter EDITOR.

Den Zugriff auf den im High-Level-Modell ausgewählten Merkmalwert erhalten Sie über die Objektvariablen $parent oder $root.

☛ Objektvariable $parent vs. $root

Beide Objektvariablen, $parent und $root, verweisen in einstufigen Konfigurationsmodellen auf die gleiche Referenz bzw. auf das gleiche Merkmal. Wenn jedoch das Pizza-Modell in ein übergeordnetes, mehrstufiges Modell eingebunden werden soll, würde die Objektvariable $root auf die dann gültige neue Wurzel verweisen und die Referenz nicht mehr stimmen. Dann müsste das Modell komplett umgebaut werden. Verwenden Sie deshalb vorwiegend »$parent«.

Eine Bedingung soll sein, dass die Dummy-Baugruppe PA_CHEESE nur dann in die Stückliste einfließt, wenn das Merkmal VC_CHEESE bewertet wurde (siehe Abbildung 3.81).

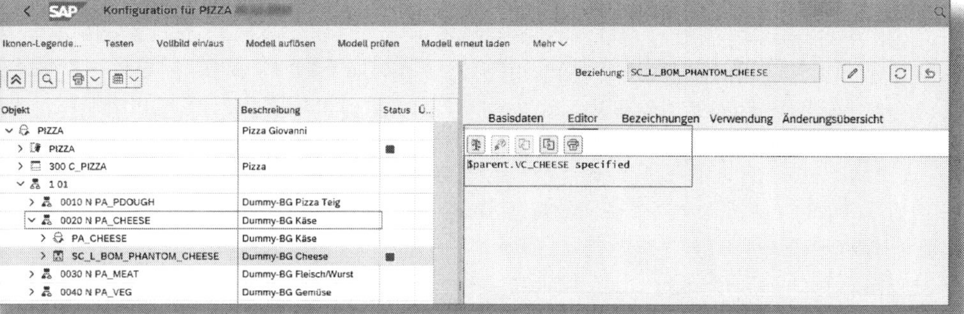

Abbildung 3.81: Auswahlbedingung an Dummy-Baugruppe

Prüfen Sie das Coding und geben Sie die Beziehung frei.

Nehmen Sie Gleiches für die Dummy-Baugruppen PA_MEAT und PA_VEG vor. Die Dummy-Baugruppe PA_PDOUGH soll nur dann gezogen werden, wenn der Durchmesser und der Bodentyp angegeben sind.

In der Stückliste der Dummy-Baugruppe PA_PDOUGH soll das »Halbfabrikat Teig Napoli« ausgewählt werden, wenn in der interaktiven High-Level-Konfiguration der Kundenauftragsposition das Merkmal VC_BTYPE mit N-Napolitana bewertet wurde.

Die entsprechende Auswahlbedingung zeigt Abbildung 3.82.

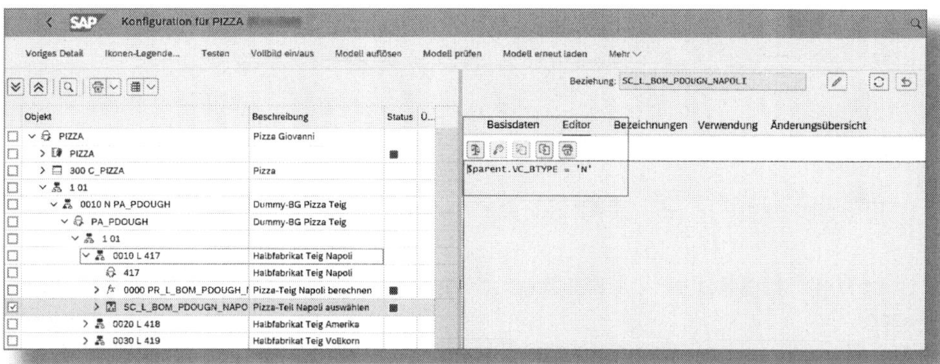

Abbildung 3.82: Auswahlbedingung an Stücklistenposition

Prüfen Sie das Coding und geben Sie die Beziehung im Feld STATUS des Reiters BASISDATEN mit dem Wert 1 – FREIGEBEN frei. Sichern Sie Ihre Eingaben.

☛ Objektvariablen und Dummy-Baugruppen

Wir sprechen Merkmale des High-Level-Modells in Abbildung 3.82 an der Komponente 417 mit `$parent` an. In Abbildung 3.81, also eine Hierarchiestufe höher, sprechen wir an der Dummy-Baugruppe PA_CHEESE mit `$parent` ebenfalls die High-Level-Merkmale an. Das bedeutet, dass die Dummy-Baugruppe bei der Referenzierung ignoriert wird.

Legen Sie für jedes Halbteil in der Stückliste eine entsprechende Auswahlbedingung an. Es wäre auch möglich, mit einer Variantentabelle und weniger Auswahlbedingungen zu arbeiten, wir verzichten hier aus Vereinfachungsgründen jedoch darauf.

Herleitung individueller Einsatzmengen

Im nächsten Schritt wollen wir die Mengen der einzelnen Stücklistenpositionen ermitteln.

- **Abbildung Regelwerk für Teigmenge**

Für die Einsatzmenge des Teigs gelten die Regeln aus Tabelle 3.9.

	Ø 26 cm	Ø 28 cm	Ø 33 cm
Napolitana (N)	200 g	215 g	250 g
Amerikanisch (A)	250 g	265 g	285 g
Vollkorn (V)	190 g	210 g	240 g

Tabelle 3.9: Einsatzmenge Pizzateig

Um die Positionsmenge anzupassen, verwenden Sie ein Objektmerkmal.

Rufen Sie die App »Merkmale verwalten« auf und vergeben Sie den Namen RC_STPO_MENGE. Legen Sie nun keine Basisdaten an, sondern verzweigen Sie direkt auf den Reiter ZUSATZDATEN und geben Sie dort als Tabellenverweis den TABELLENNAMEN *STPO* sowie den FELDNAMEN *Menge* ein (siehe Abbildung 3.83).

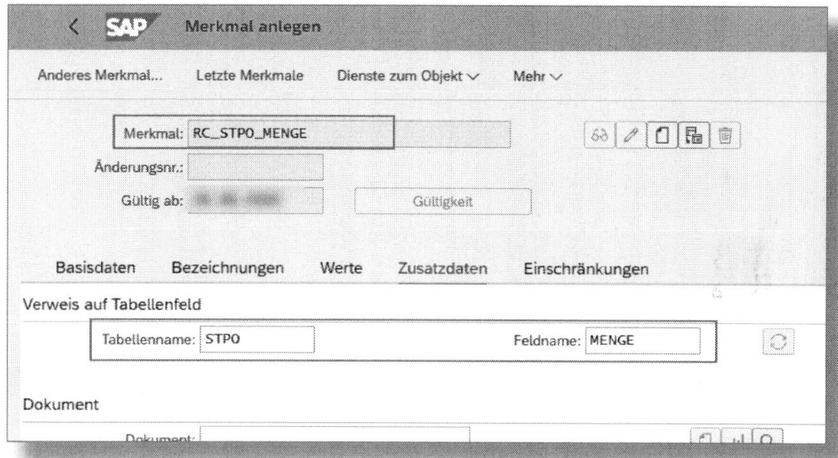

Abbildung 3.83: Objektmerkmal Stücklistenpositionsmenge

☛ Objektmerkmale mit Verweis auf Tabelle STPO

Berücksichtigen Sie den SAP-Hinweis 546516. Dort sind alle Felder aufgeführt, die Sie im Zusammenhang mit Stücklisten mittels Beziehungswissen lesen bzw. verändern dürfen.

Wenn Sie auf [↵] drücken, erscheint die Meldung, dass alle Formatangaben aus dem Data Dictionary übernommen werden. Das Ergebnis sehen Sie dann in den Basisdaten.

Nun legen wir je Stücklistenkomponente eine Prozedur an, die die Menge an der Stücklistenposition beeinflusst. Rufen Sie in der App »VC Modellierungsumgebung« an der Stücklistenposition HALBFABRI-

KAT TEIG NAPOLI das Kontextmenü auf und treffen Sie die in Abbildung 3.84 gezeigte Auswahl.

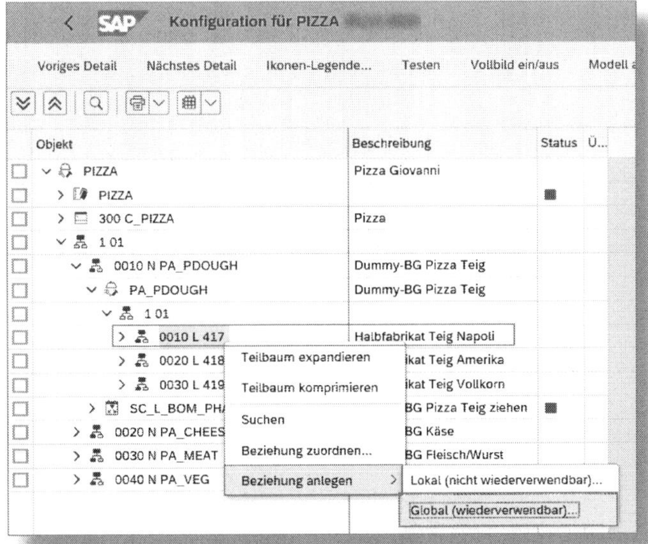

Abbildung 3.84: Anlage einer Prozedur an Stücklistenposition

Im Folgebildschirm geben Sie den technischen Namen der Prozedur an und wählen die Option PROZEDUR (siehe Abbildung 3.85).

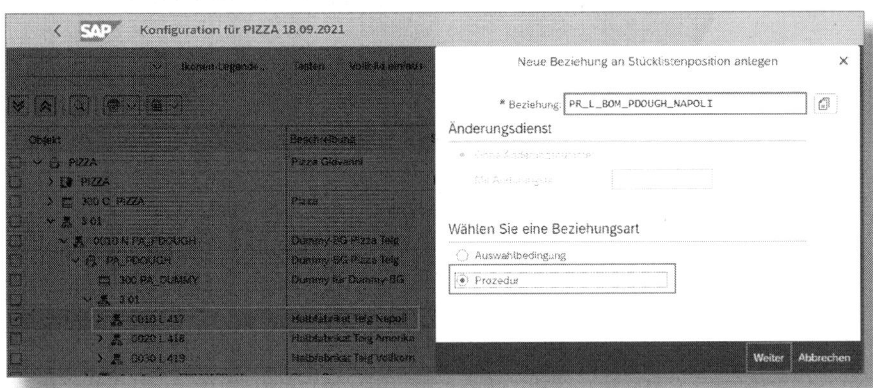

Abbildung 3.85: Prozedur Mengenermittlung Pizzateig, Einstieg

Klicken Sie auf die Schaltfläche WEITER.

Vergeben Sie im Reiter BASISDATEN eine sprachabhängige BEZEICHNUNG und wechseln Sie zum Reiter EDITOR (Abbildung 3.86).

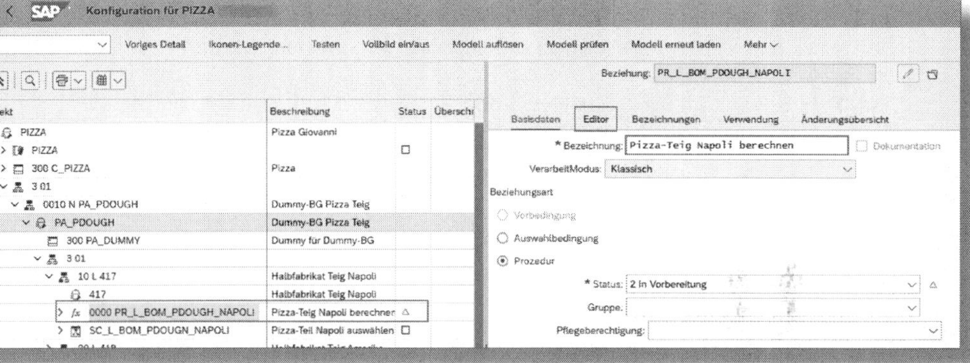

Abbildung 3.86: Prozedur Mengenermittlung Pizzateig, Basisdaten

Geben Sie den in Abbildung 3.87 gezeigten Beziehungswissen-Code ein. Er bildet die Logik aus Tabelle 3.9 ab.

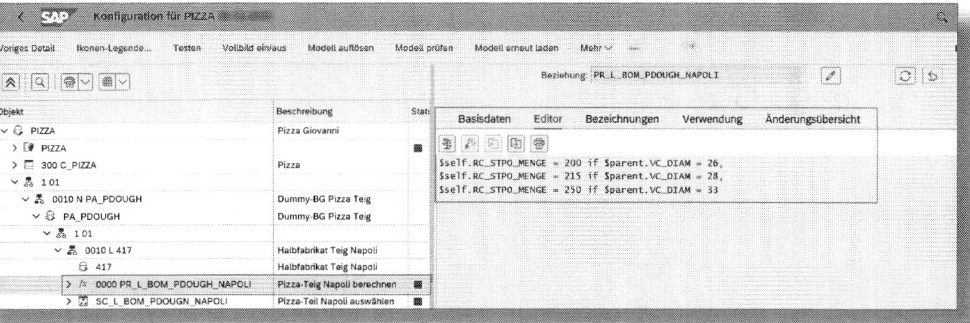

Abbildung 3.87: Prozedur Mengenermittlung Pizzateig, Coding

Hier wäre die Darstellung anhand einer Variantentabelle eleganter gewesen. Wir verzichten jedoch aus Vereinfachungsgründen darauf; die Technik wird im Abschnitt 3.4.5 unter »Variantentabellen« erklärt.

Gehen Sie zurück zum Reiter BASISDATEN (siehe Abbildung 3.86) und geben Sie die Beziehung mit dem Wert 1 – FREIGEGEBEN im Feld STATUS frei. Im Feld VERARBEITMODUS ist der Wert fest auf KLASSISCH eingestellt. Der Low-Level-Code wird ausschließlich im klassischen Modus abgearbeitet – hierfür existiert keine erweiterte Variantenkonfiguration. Sichern Sie Ihre Eingaben. Nun haben Sie die Mengenermittlung an der Stücklistenposition »Halbfabrikat Teig Napoli« abgeschlossen.

Nehmen Sie anschließend die Erstellung der Prozeduren für die Stücklistenpositionen »Halbfabrikat Teig Amerika« und »Halbfabrikat Teig Vollkorn« vor. Sie können die zuvor erstellte Prozedur als Vorlage nutzen, indem Sie im Dialog »Neue Beziehung an Stücklistenposition anlegen« (siehe Abbildung 3.85) den Button rechts oben drücken.

▶ **Abbildung Einsatzmengenermittlung über prozentualen Zuschlag**

Für die anderen Dummy-Baugruppen PA_CHEESE, PA_MEAT, und PA_VEG pflegen wir die Einsatzmengen in Gramm an der jeweiligen Stücklistenposition, und zwar für den kleinsten Pizza-Durchmesser von 26 cm. Für den Durchmesser 28 cm wollen wir anschließend die Menge für alle Komponenten um 8 Prozent und für den Durchmesser 33 cm um 27 Prozent über Beziehungswissen erhöhen.

Zur Pflege der Einsatzmengen für den Durchmesser von 26 cm rufen Sie die App »Stückliste pflegen« auf. Geben Sie im Suchfeld die Dummy-Baugruppe *PA_CHEESE* ein und bestätigen Sie mit ↵ (siehe Abbildung 3.88).

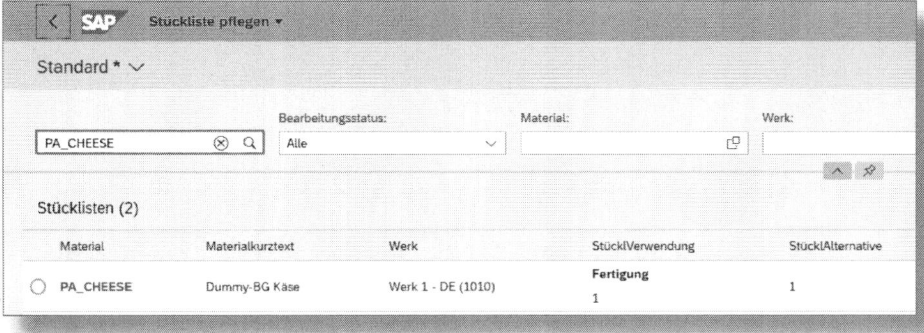

Abbildung 3.88: Stückliste Dummy-Baugruppe PA_CHEESE, Einstieg

Wenn Sie auf die Zeile klicken, gelangen Sie zur Komponentenübersicht (siehe Abbildung 3.89). Klicken Sie oben rechts auf den Button BEARBEITEN und erfassen Sie die aufgelisteten Mengen in Gramm.

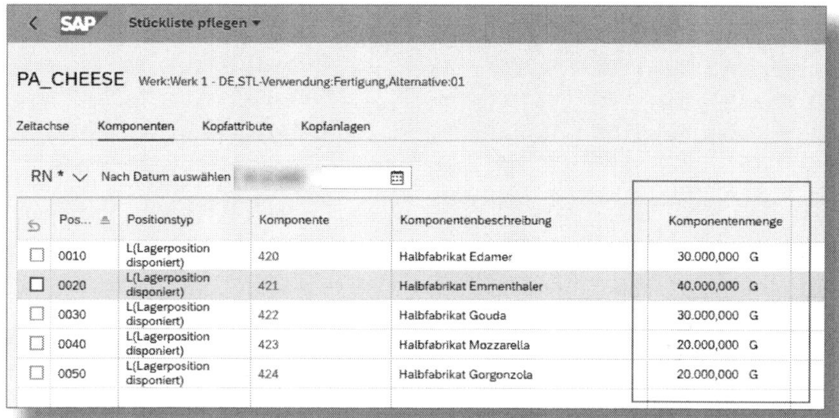

Stückliste pflegen

PA_CHEESE Werk:Werk 1 - DE,STL-Verwendung:Fertigung,Alternative:01

Zeitachse | Komponenten | Kopfattribute | Kopfanlagen

RN * Nach Datum auswählen

Pos...	Positionstyp	Komponente	Komponentenbeschreibung	Komponentenmenge
0010	L(Lagerposition disponiert)	420	Halbfabrikat Edamer	30.000,000 G
0020	L(Lagerposition disponiert)	421	Halbfabrikat Emmenthaler	40.000,000 G
0030	L(Lagerposition disponiert)	422	Halbfabrikat Gouda	30.000,000 G
0040	L(Lagerposition disponiert)	423	Halbfabrikat Mozzarella	20.000,000 G
0050	L(Lagerposition disponiert)	424	Halbfabrikat Gorgonzola	20.000,000 G

Abbildung 3.89: Stückliste Dummy-Baugruppe PA_CHEESE

Sichern Sie Ihre Eingaben.

Führen Sie den gleichen Vorgang für die Dummy-Baugruppe PA_MEAT mit den Komponentenmengen aus Abbildung 3.90 durch.

PA_MEAT Werk:Werk 1 - DE,STL-Verwendung:Fertigung,Alternative:01

Zeitachse | Komponenten | Kopfattribute | Kopfanlagen

RN * Nach Datum auswählen

Pos...	Positionstyp	Komponente	Komponentenbeschreibung	Komponentenmenge
0010	L(Lagerposition disponiert)	425	Halbfabrikat Speck	60.000,000 G
0020	L(Lagerposition disponiert)	426	Halbfabrikat Hühnchen	80.000,000 G
0030	L(Lagerposition disponiert)	427	Halbfabrikat Schinken	70.000,000 G
0040	L(Lagerposition disponiert)	428	Halbfabrikat Salami	70.000,000 G

Abbildung 3.90: Stückliste Dummy-Baugruppe Fleischbelag

Ebenso gehen Sie für die Dummy-Baugruppe PA_VEG mit den Komponentenmengen aus Abbildung 3.91 vor.

Stückliste pflegen

PA_VEG Werk:Werk 1 - DE,STL-Verwendung:Fertigung,Alternative:01

Zeitachse | Komponenten | Kopfattribute | Kopfanlagen

RN * Nach Datum auswählen

Pos...	Positionstyp	Komponente	Komponentenbeschreibung	Komponentenmenge
0010	L(Lagerposition disponiert)	429	Halbfabrikat Ananas	80.000,000 G
0020	L(Lagerposition disponiert)	430	Halbfabrikat Brokkoli	50.000,000 G
0030	L(Lagerposition disponiert)	431	Halbfabrikat Champignons	50.000,000 G
0040	L(Lagerposition disponiert)	432	Halbfabrikat Erbsen	30.000,000 G
0050	L(Lagerposition disponiert)	433	Halbfabrikat Mais	30.000,000 G
0060	L(Lagerposition disponiert)	434	Halbfabrikat Zwiebeln	10.000,000 G
0070	L(Lagerposition disponiert)	435	Halbfabrikat Spargel	40.000,000 G
0080	L(Lagerposition disponiert)	436	Halbfabrikat Tomaten	50.000,000 G

Abbildung 3.91: Stückliste Dummy-Baugruppe Gemüse

Wiederum wollen wir für den Durchmesser 28 cm die Menge aller Komponenten um 8 Prozent und für den Durchmesser 33 cm um 27 Prozent erhöhen. Die zugehörige Prozedur sehen Sie in Abbildung 3.92.

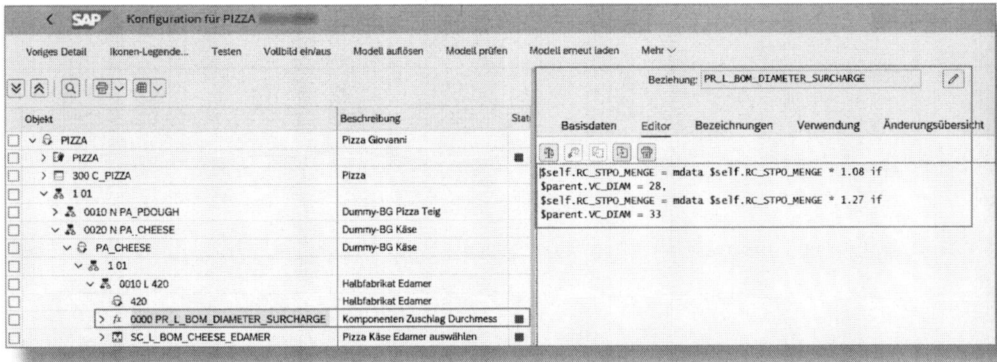

Abbildung 3.92: Prozedur Zuschlag zu Stücklistenpositionsmenge

Das Schlüsselwort `mdata` sorgt dafür, dass wir einen existierenden Wert um einen Wert erhöhen oder verringern können. Ein Objektmerkmal, das mit `mdata` gelesen wird, greift auf den Wert des Stammdatenfeldes – den fest eingetragenen Wert der Stücklistenpositionsmenge – zu.

Ordnen Sie nun die Prozedur allen weiteren Stücklistenpositionen zu. Rufen Sie das Kontextmenü an der jeweiligen Stücklistenposition auf und wählen Sie den Menüpunkt BEZIEHUNG ZUORDNEN.

Test der Stücklistenauflösung

Rufen Sie die Simulationsumgebung mit TESTEN auf und bewerten Sie die Merkmale im mittleren Panel zunächst beliebig (siehe Abbildung 3.93). Lösen Sie anschließend im linken Panel STÜCKLISTE die Stückliste mit Klick auf den Button ❶ auf und expandieren Sie die Struktur mit ❷.

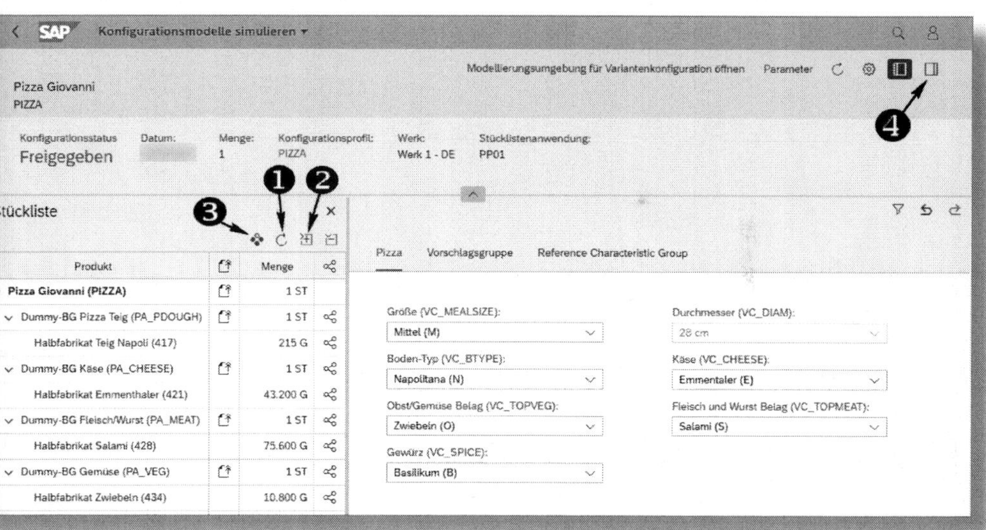

Abbildung 3.93: Maximalstückliste – Ergebnis der Auflösung

Setzen Sie nun in der Bewertung das Merkmal VC_TOPMEAT auf (KEINE) und lösen Sie die Stückliste mit Klick auf ❶ erneut auf. Jetzt sollte die Dummy-Baugruppe PA_MEAT nicht mehr im Ergebnis erscheinen.

Über den Button ❸ wird die Maximalstruktur angezeigt. Haben Sie bereits aufgelöst, erscheinen die durch Auswahlbedingungen abgewählten Komponenten ausgegraut. Öffnen Sie mit Klick auf ❹ rechts das Panel INSPEKTOR (siehe Abbildung 3.94).

Hier sehen Sie die Details zu einer markierten Komponente. Mit der Schaltfläche STAMMDATEN EIN-/AUSBLENDEN ❶ können Sie sich den Feldwert vor der Änderung durch Beziehungswissen anzeigen lassen. Er befindet sich in Klammern. Ebenfalls im INSPEKTOR können Sie mit dem Button ❷ das an der Komponente befindliche Beziehungswissen zur Anzeige bringen. Von dieser Sicht aus gelangen Sie in weitere Detailsichten zum Beziehungswissen.

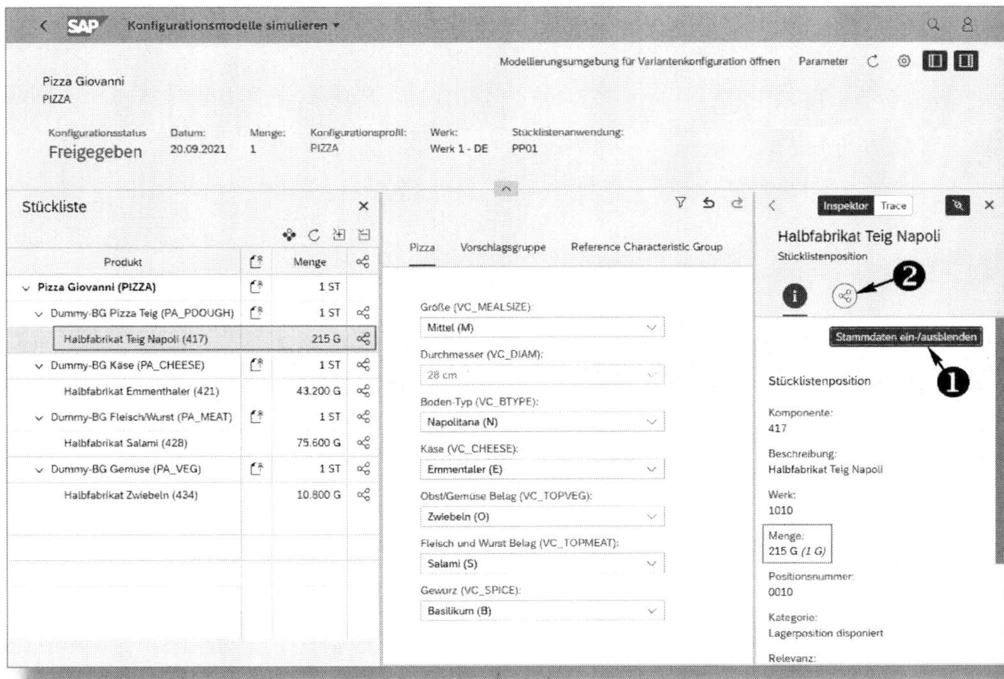

Abbildung 3.94: Maximalstückliste – Inspektor

3.5.2 Maximalarbeitsplan

Je nachdem, wie die Konfiguration in der Kundenauftragsposition ausfällt, wird auch der daraus resultierende Arbeitsplan variieren. Für die Herstellung einer Pizza »Amerika« mit dickem Boden benötigt Giovanni mehr Zeit, oder wenn eine vegetarische Pizza gewünscht ist, fällt der Arbeitsvorgang »Pizza mit Fleisch-/Wurstbelag belegen« weg. Der Maximalarbeitsplan enthält zunächst alle Arbeitsvorgänge, die theoretisch vorkommen können. Über Auswahlbedingungen können Sie einzelne Arbeitsvorgänge abwählen und über Prozeduren die Vorgangszeiten individuell berechnen.

Rufen Sie die App »Arbeitsplan anlegen« auf. Geben Sie im Einstiegsbildschirm das Material PIZZA und das Werk 1010 an und bestätigen Sie mit [↵] (hier nicht gezeigt).

Im Bild KOPFDETAIL geben Sie im Feld VERWENDUNG den Wert *1 – Fertigung* und im Feld GESAMTSTATUS *4 – Freigegeben allgemein* ein (siehe Abbildung 3.95).

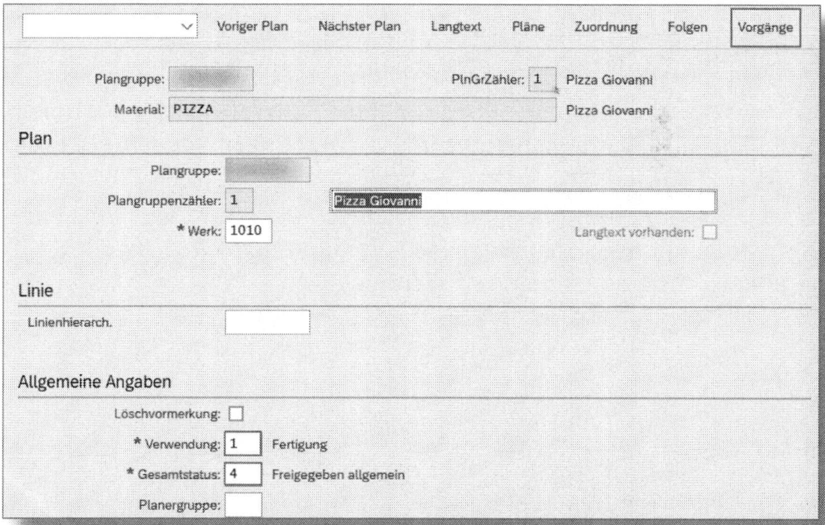

Abbildung 3.95: Maximalarbeitsplan anlegen, Kopfdaten

Navigieren Sie dann mit Klick auf den Button VORGÄNGE zur VORGANGSÜBERSICHT und geben Sie dort alle erforderlichen Vorgänge für die Zubereitung einer Pizza ein (siehe Abbildung 3.96).

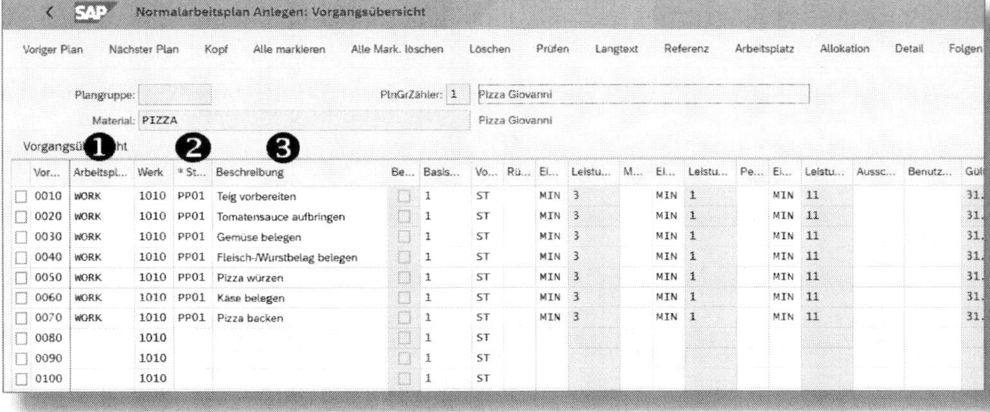

Abbildung 3.96: Maximalarbeitsplan anlegen, Vorgangsübersicht

Tragen Sie einen für das Werk gültigen Arbeitsplatz ein ❶. Als Steuerschlüssel * ST ergänzen Sie den Wert *PP01* ❷ und als sprachabhängige BESCHREIBUNG den jeweiligen Arbeitsvorgangstext ❸.

Nehmen Sie anschließend mit Klick auf die Schaltfläche ALLOKATION in der Menüzeile die Komponentenzuordnung vor (siehe Abbildung 3.97).

Ordnen Sie mit der Schaltfläche NEUZUORDNEN den verschiedenen Dummy-Baugruppen den jeweiligen Vorgang zu, mit dem die Komponenten retrograd entnommen werden sollen.

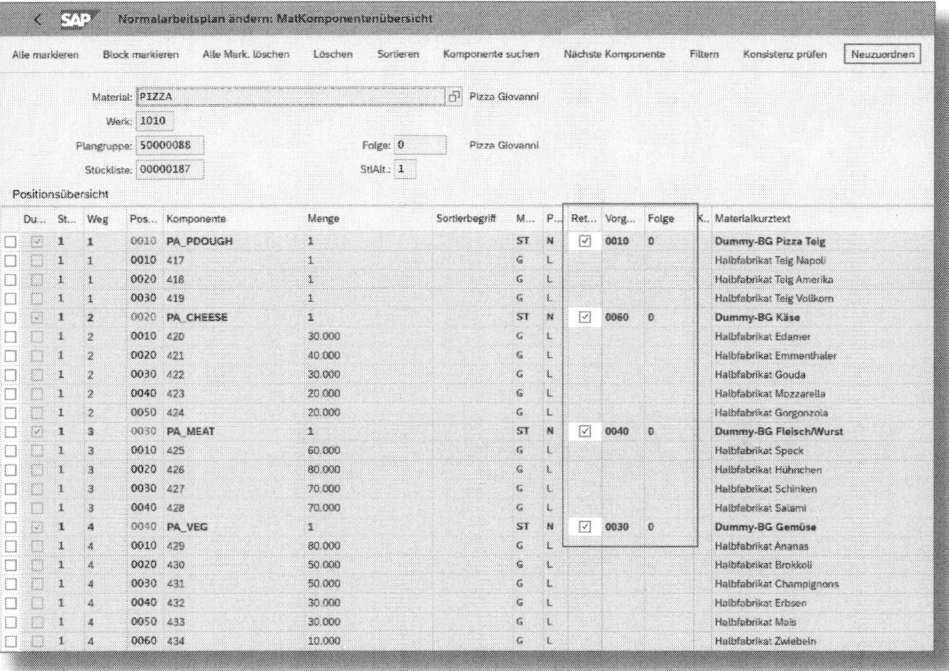

Abbildung 3.97: Komponentenzuordnung

Auswahl von Arbeitsvorgängen

Einige Arbeitsvorgänge sind optional, d. h., sie werden nur unter gewissen Bedingungen benötigt. Die Vorgänge »0010 Teig vorbereiten« und »0020 Tomatensauce aufbringen« sind obligatorisch, während der Vorgang »0030 Gemüse belegen« nur dann auswählbar sein soll, wenn das Merkmal »VC_TOPVEG« bewertet wurde. Dazu markieren Sie den Vorgang 0030 und rufen MEHR • ZUSÄTZE • BEZIEHUNGSWISSEN • ZUORDNUNGEN auf. Geben Sie dort den technischen Namen der Auswahlbedingung (BEZIEHUNG) ein (siehe Abbildung 3.98).

Abbildung 3.98: Auswahlbedingung zum Arbeitsvorgang

Im Folgebild geben Sie die Bezeichnung der Beziehung ein und klicken in der Menüleiste auf BEZIEHUNGSEDITOR (hier nicht gezeigt).

Geben Sie in das Feld die Bedingung ein, unter der der Vorgang auswählbar sein soll. In Abbildung 3.99 besagt die Bedingung `$parent.VC_TOPVEG specified`, dass der Arbeitsvorgang »Gemüse belegen« nur dann ausgewählt werden kann, wenn das Merkmal VC_TOPVEG bewertet (`specified`) wurde.

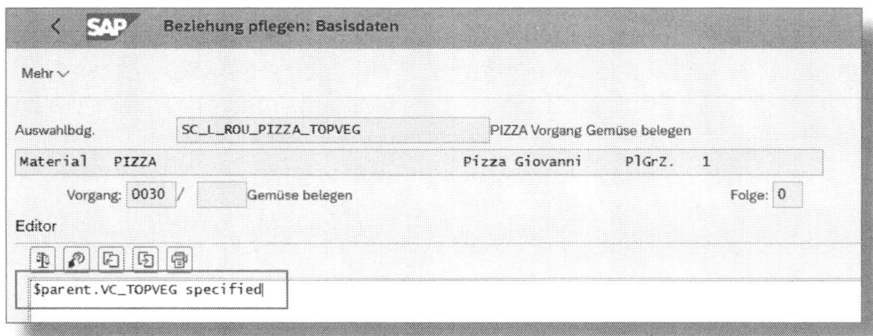

Abbildung 3.99: Code der Auswahlbedingung zum Vorgang »Gemüse belegen«

Prüfen Sie das Coding mit dem Button [icon] und sichern Sie Ihre Eingaben. Geben Sie im Folgebild die Auswahlbedingung mit dem STATUS 1 frei.

Gehen Sie entsprechend für die Vorgänge »0040 Fleisch-/Wurstbelag belegen« und »0060 Käse belegen« vor.

Sichere Modellierung zwischen High Level und Low Level

Sorgen Sie dafür, dass die Eingaben im High-Level-Modell immer zu einer richtigen Arbeitsplanauflösung führen. In unserem Beispiel müssten Sie dafür Sorge tragen, dass das Merkmal »VC_BTYPE – Bodentyp« in der interaktiven Konfiguration bewertet werden muss. Ein aufgelöster Arbeitsvorgang »Teig vorbereiten« ohne die vorherige Bewertung eines Bodentyps im High-Level-Modell ist nicht sinnvoll.

Herleitung individueller Vorgangszeiten

Pro Vorgang lassen sich Festwerte für die Vorgangszeiten hinterlegen. Häufig hängt jedoch die Vorgangszeit von Merkmalwerten oder Merkmalwertkombinationen ab.

In unserem Beispiel wollen wir die Vorgangszeiten mittels einer Regeltabelle abbilden (siehe Tabelle 3.10).

Arbeitsvorgang	Ø 26 cm	Ø 28 cm	Ø 33 cm
Teig vorbereiten	2 min	3 min	4 min
Tomatensauce aufbringen	0,5 min	0,5 min	0,5 min
Gemüse belegen	1 min	1,5 min	2 min
Fleisch-/Wurstbelag belegen	2 min	2,5 min	3 min
Würzen	0,5 min	0,5 min	0,5 min
Käse belegen	1 min	1,5 min	2 min
Pizza backen	15 min	15 min	15 min

Tabelle 3.10: Maximalarbeitsplan – Regelwerk für Vorgangszeiten

Zunächst benötigen wir ein Objektmerkmal, das auf das Feld verweist, welches die Personalzeit enthält. Da wir hier einen Dummy-Arbeitsplatz »WORK« nutzen, der sowohl Personalzeit als auch Maschinen- und Rüstzeit umfasst, ist das in unserem Fall das Feld PLPOD-VGW03. Wir legen also ein Objektmerkmal mit Bezug zu diesem Feld an.

Zusätzlich benötigen wir vier neue Merkmale für die Spalten der Variantentabelle. Achten Sie beim Erstellen darauf, dass das Merkmalformat mit dem Quell-/Zielformat der Struktur PLPOD übereinstimmt.

Merkmaleigenschaften aus Strukturen kopieren

Um ein Merkmal mit den gleichen Eigenschaften wie ein Quell-/Zielfeld auszuprägen, gehen Sie so vor, als ob Sie ein Objektmerkmal anlegen würden: Sie füllen zunächst im Reiter ZUSATZDATEN die korrespondierende Tabelle und das Tabellenfeld (hier PLPOD-VGW03). Das System übernimmt die Formatangaben. Anschließend löschen Sie die Einträge in den Zusatzdaten wieder.

Des Weiteren benötigen wir das Werk als Bestandteil des Tabellenschlüssels.

Werksbezug in Low-Level-Variantentabellen

Wenn Variantentabellen im Low-Level-Beziehungswissen abgearbeitet werden, sollte im Schlüssel stets das Werk aufgenommen werden, da Maximalarbeitspläne und auch Maximalstücklisten für die Produktion stets werksbezogen sind.

Dazu legen wir eine Variantentabelle mit dem Namen VC_PIZZA_ROUTTIMES, wie in Abschnitt 3.4.5 unter »Variantentabellen« beschrieben, an. Kennzeichnen Sie das Werk und die Vorgangsnummer als Schlüsselspalten. Eine Variantentabelle könnte wie in Abbildung 3.100 aussehen.

Der jeweilige Arbeitsvorgang wird durch die eindeutige Vorgangsnummer identifiziert. Um im Beziehungswissen darauf zugreifen zu können, benötigen wir noch ein Objektmerkmal, das die aktuelle Vorgangsnummer liest: RC_PLPOD_VORNR.

Variantentabelle: VC_PIZZA_ROUTTIMES

Inhalt Basisdaten Merkmale Auswertungsalternativen Texte

PLPOD_WERKS	PLPOD_VORNR	VGW03_DIA26	VGW03_DIA28	VGW03_DIA33
1010	0010	2,000	3,000	4,000
1010	0020	0,500	0,500	0,500
1010	0030	1,000	1,500	2,000
1010	0040	2,000	2,500	3,000
1010	0050	0,500	0,500	0,500
1010	0060	1,000	1,500	2,000
1010	0070	3,000	2,500	2,000

Abbildung 3.100: Variantentabelle – Vorgangszeiten

Eine Prozedur an den Vorgängen könnte derjenigen in Abbildung 3.101 entsprechen.

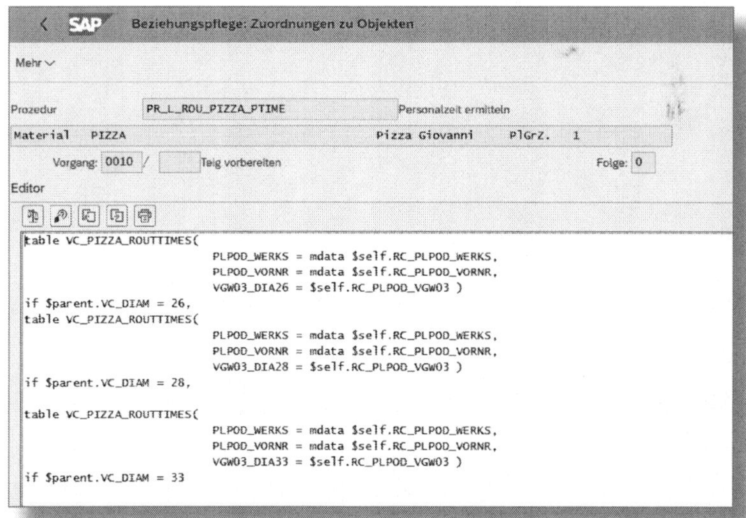

Abbildung 3.101: Prozedur zur Ermittlung der Personalzeit

Ordnen Sie diese Prozedur allen Vorgängen zu.

Auf die Darstellung in der App »VC Modellierungsumgebung« sollte sich das wie in Abbildung 3.102 gezeigt auswirken.

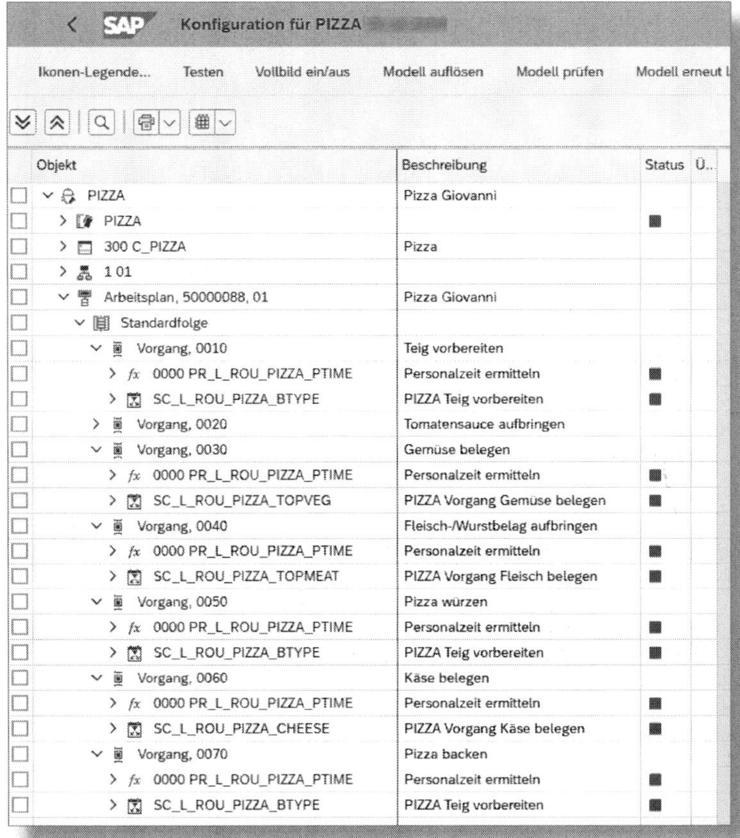

Abbildung 3.102: Arbeitsplanstruktur

Test der Arbeitsplanauflösung

Rufen Sie in der App »VC Modellierungsumgebung« die Simulationsumgebung mit TESTEN auf und bewerten Sie die Merkmale beliebig.

Rufen Sie im linken Panel STÜCKLISTE (siehe Abbildung 3.93) mit dem Button ⎘ in der zweiten Spalte die Arbeitsplanauflösung auf.

Das Ergebnis zeigt Abbildung 3.103.

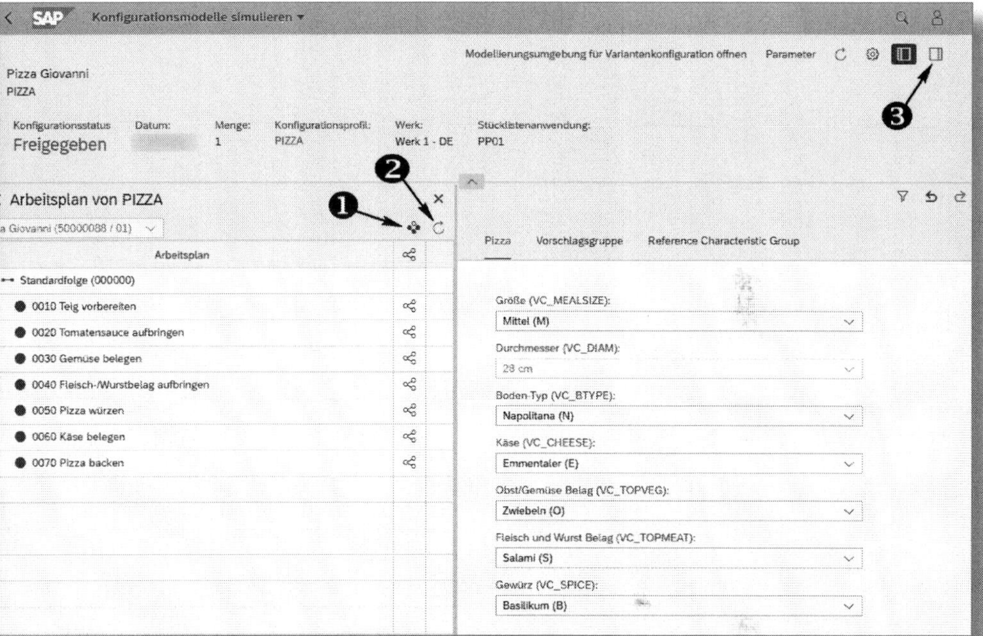

Abbildung 3.103: Arbeitsplanauflösung in der Simulation

Ändern Sie den Merkmalwert des Merkmals FLEISCH UND WURST BELAG auf (KEINE) und lösen Sie den Arbeitsplan über den Button ↻ ❷ mit der aktuellen Merkmalbewertung auf. Anschließend sollte im linken Panel der Arbeitsvorgang FLEISCH-/WURSTBELAG AUFBRINGEN nicht mehr sichtbar sein. Möchten Sie sich dann wieder die Maximalstruktur anzeigen lassen, klicken Sie auf den Button ⁘ ❶. Anschließend sollte der zuvor ausgeblendete Vorgang (da er Teil der Maximalstruktur, aber nicht des Auflösungsergebnisses ist) ausgegraut wieder sichtbar sein.

Schalten Sie das Inspektor-Panel über den Button ❸ ein. Dort sehen Sie, welche Vorgangszeiten über Beziehungswissen ermittelt wurden (siehe Abbildung 3.104).

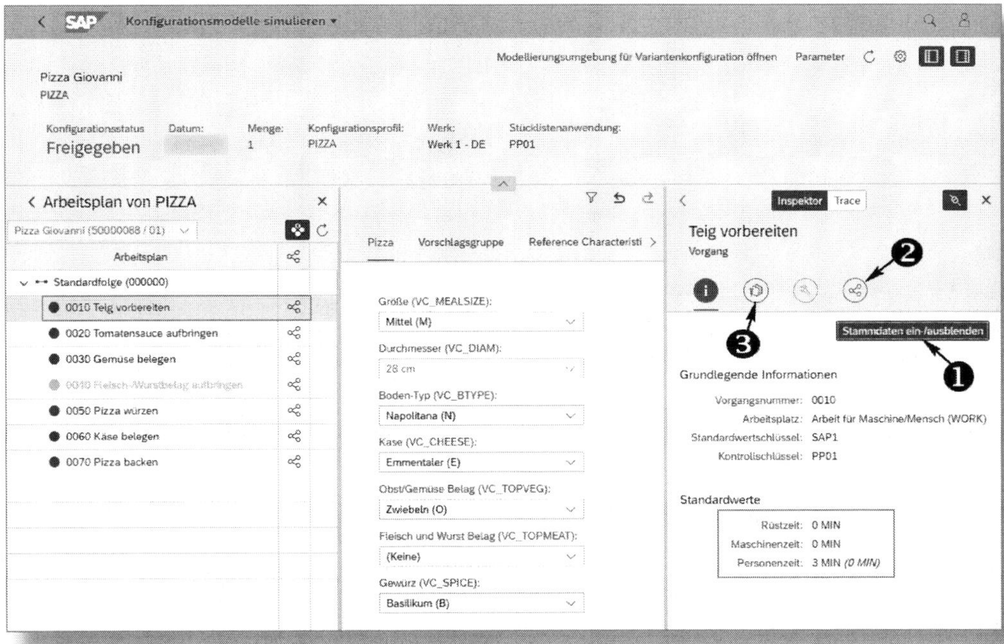

Abbildung 3.104: Arbeitsplanauflösung – Analyse

Über die Schaltfläche STAMMDATEN EIN-/AUSBLENDEN ❶ können Sie sich die Werte vor der durch das Beziehungswissen ausgelösten Änderung anzeigen lassen. Die ursprünglichen Werte werden in Klammern dargestellt. Mit Klick auf den Button ❷ verschaffen Sie sich einen Überblick über das Beziehungswissen am Arbeitsvorgang, das für dieses Ergebnis verantwortlich ist. Wenn Sie den Button ❸ bedienen, sehen Sie die Übersicht der Komponentenzuordnung. Alle Übersichten ermöglichen einen Absprung in weitere Detailangaben.

3.5.3 Fertigungsversion

Um den konfigurierbaren Materialstamm mit dem Maximalarbeitsplan und der Maximalstückliste zu verbinden, ist eine *Fertigungsversion* notwendig.

Rufen Sie für deren Anlage die App »Fertigungsversionen bearbeiten« auf und nehmen Sie für das Material PIZZA die in Abbildung 3.105 sichtbaren Einträge vor: Die Daten für GÜLTIG AB und GÜLTIG BIS werden nach ↵ automatisch hergeleitet.

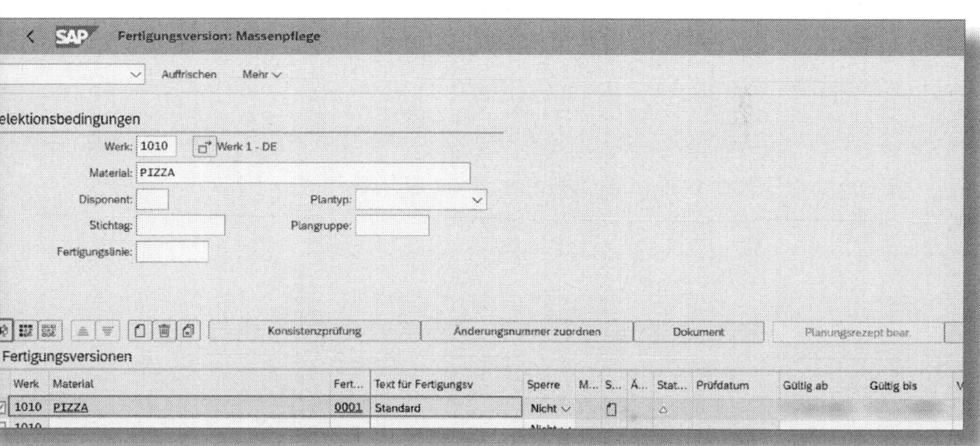

Abbildung 3.105: Fertigungsversion anlegen – Einstieg

Markieren Sie den Eintrag und rufen Sie mit dem Button die Details auf (siehe Abbildung 3.106). Nehmen Sie dort die Einträge für den Maximalarbeitsplan und die Maximalstückliste vor. Die für Sie relevante PLANGRUPPE können Sie bequem über die F4-Auswahlhilfe selektieren.

Betätigen Sie nun den Button PRÜFEN. Sie erhalten daraufhin eine Übersicht über die Konsistenzprüfungen. Ein wichtiges Ergebnis ist, dass ein gültiger Maximalarbeitsplan und eine gültige Maximalstückliste gefunden wurden (siehe Abbildung 3.107).

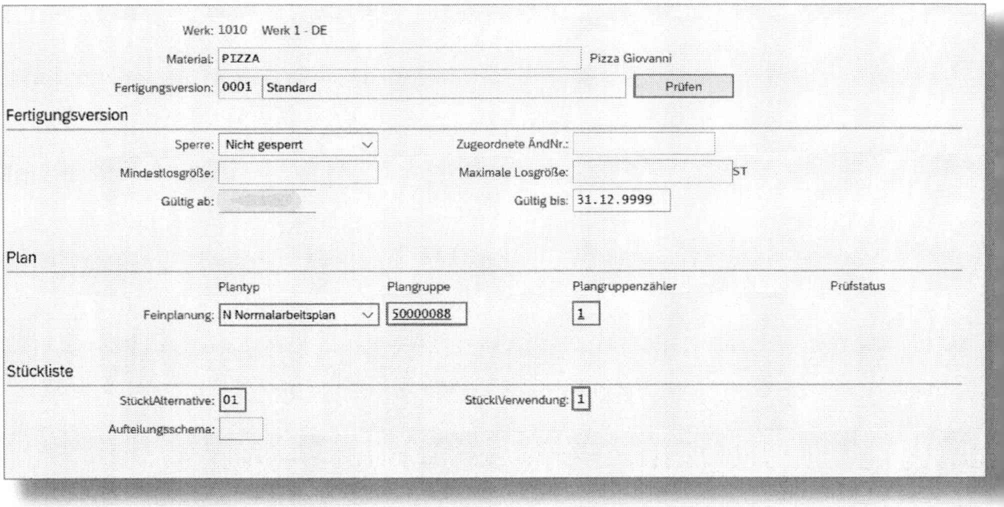

Werk: 1010 Werk 1 - DE
Material: PIZZA
Pizza Giovanni
Fertigungsversion: 0001 Standard
Prüfen
Fertigungsversion
Sperre: Nicht gesperrt
Zugeordnete ÄndNr.:
Mindestlosgröße:
Maximale Losgröße:
ST
Gültig ab:
Gültig bis: 31.12.9999
Plan
Plantyp
Plangruppe
Plangruppenzähler
Prüfstatus
Feinplanung: N Normalarbeitsplan
50000088
1
Stückliste
StücklAlternative: 01
StücklVerwendung: 1
Aufteilungsschema:

Abbildung 3.106: Fertigungsversion anlegen – Details

Konsistenzprüfung Fertigungsversionen
1
Material PIZZA
Werk 1010
Werk 1 - DE
Fertigungsversion 0001
Sperre Nicht gesperrt
gültig von
gültig bis
Losgröße von 0
Losgröße bis 9999.999.999,999
Basis ME ST
Feinplanung Plantyp N Plangruppe 50000088 Alternative 1
Zeitraum von Zeitraum bis
Losgröße von Losgröße bis
F W Beschreibung Fehler/Warnung
ST
Plan ist vorhanden
Stückliste Alternative 1 Anwendung 1
Zeitraum von Zeitraum bis
Losgröße von Losgröße bis
F W Beschreibung Fehler/Warnung
Stückliste ist vorhanden
9999999999,999 ST

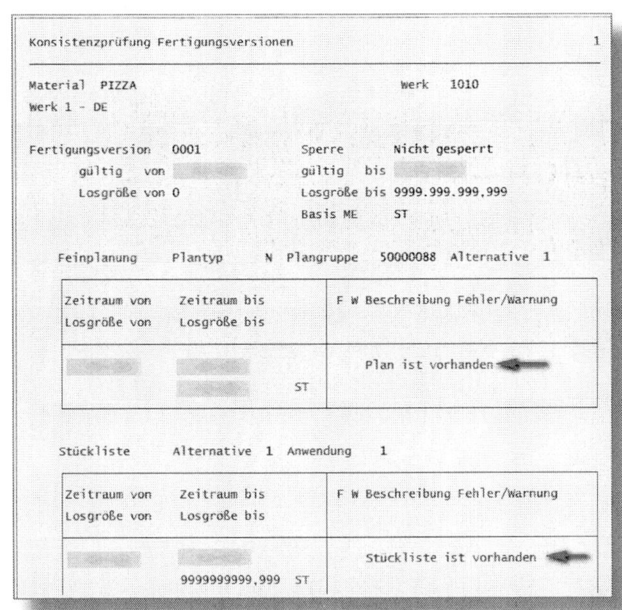

Abbildung 3.107: Fertigungsversion anlegen – Konsistenzprüfung

Beenden Sie die Konsistenzprüfung mit dem Button ABBRECHEN; klicken Sie dann auf ÄNDERUNGEN SICHERN UND BILD SCHLIESSEN und anschließend auf SICHERN.

3.6 Simulation von Konfigurationsmodellen

In den vorigen Abschnitten haben Sie die Modellauflösung immer aus der App »VC Modellierungsumgebung« heraus als konfigurierbares Material mit neuer Merkmalbewertung getestet. Mit der für S/4HANA neu entwickelten App »Konfigurationsmodelle simulieren« hat der Produktmodellierer zusätzlich die Möglichkeit, bereits abgespeicherte Konfigurationen wie Produktvarianten, Belegpositionen oder abgespeicherte Simulationen zu analysieren sowie zu testen und die Simulationen zu sichern.

Nach dem Start der App gelangen Sie auf eine Selektionsmaske (siehe Abbildung 3.108), in der Sie nach vorhandenen Modellen suchen können.

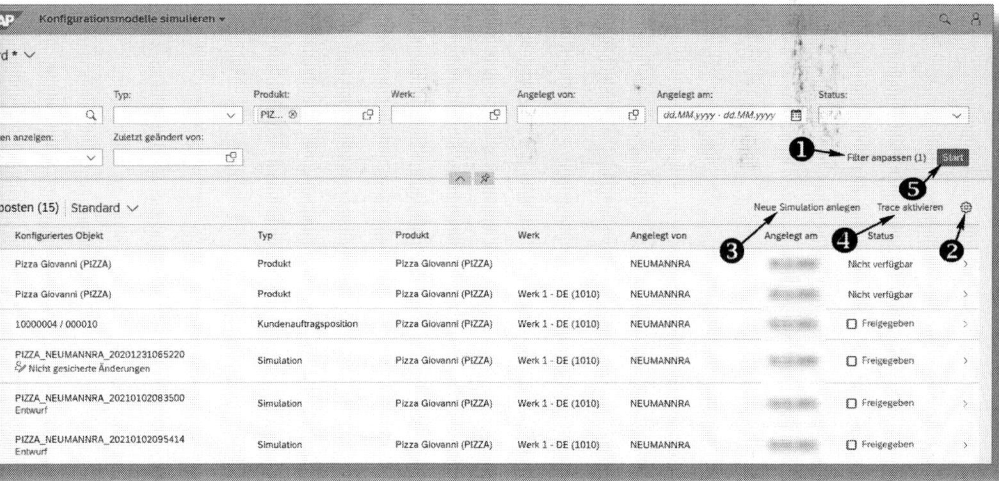

Abbildung 3.108: App »Konfigurationsmodelle simulieren« – Selektionsbildschirm

Im oberen Bildschirmbereich befinden sich die Such- und Filterkriterien, mit denen Sie die Ergebnisliste unten beeinflussen können. In der Ergebnisliste sind unterschiedliche Konfigurationstypen zu unterscheiden, die wir Ihnen in Tabelle 3.11 aufgelistet haben.

Konfigurationstyp	Beschreibung
Produkt	Simulation eines konfigurierbaren Materialstamms mit freier Merkmalbewertung; Aufruf wie aus der App »VC Modellierungsumgebung« mit Button TESTEN.
Produktvariante	Simulation mit Merkmalbewertung aus ausgeprägter Produktvariante (Materialvariante), siehe Abschnitt 4.2.1.
Belegposition	Simulation mit Merkmalbewertung aus einem existierenden Beleg. Ursprung der Position kann sein: ▶ Kundenauftrag ▶ Angebot ▶ Bestellanforderung ▶ Bestellung
Simulation	Unter diesem Typ können Sie eigene Merkmalbewertungen aus Simulationsergebnissen ablegen, die Sie zuvor über die Schaltfläche NEUE SIMULATION ANLEGEN erstellt haben. Hier erscheinen auch die Simulationen, die Sie über die Produktkonfiguration, z. B. aus der Modellierungsumgebung heraus, gesichert haben.

Tabelle 3.11: Konfigurationstypen in der Simulation

Häufig verwendete Simulationsobjekte können Sie mit ★ als Favoriten markieren. Die Filterkriterien lassen sich über ❶ und die Anzeigeeinstellungen (anzuzeigende Spalten, Spaltenreihenfolge sowie Sortierungen und Gruppierungen in der Ergebnisliste) über das Zahnrad ❷ anpassen. Ein Klick auf ❺ startet die Selektion mit den ausgewählten Einstellungen und Kriterien.

Beginnen Sie eine neue Simulation mit der Schaltfläche ❸. Für weitergehende Analysen der Simulationsergebnisse haben Sie die Option, die Simulation direkt mit einem aktivierten Trace zu starten ❹. Geben

Sie anschließend das Material PIZZA und das Werk 1010 ein und bewerten Sie die Merkmale (siehe Abbildung 3.109).

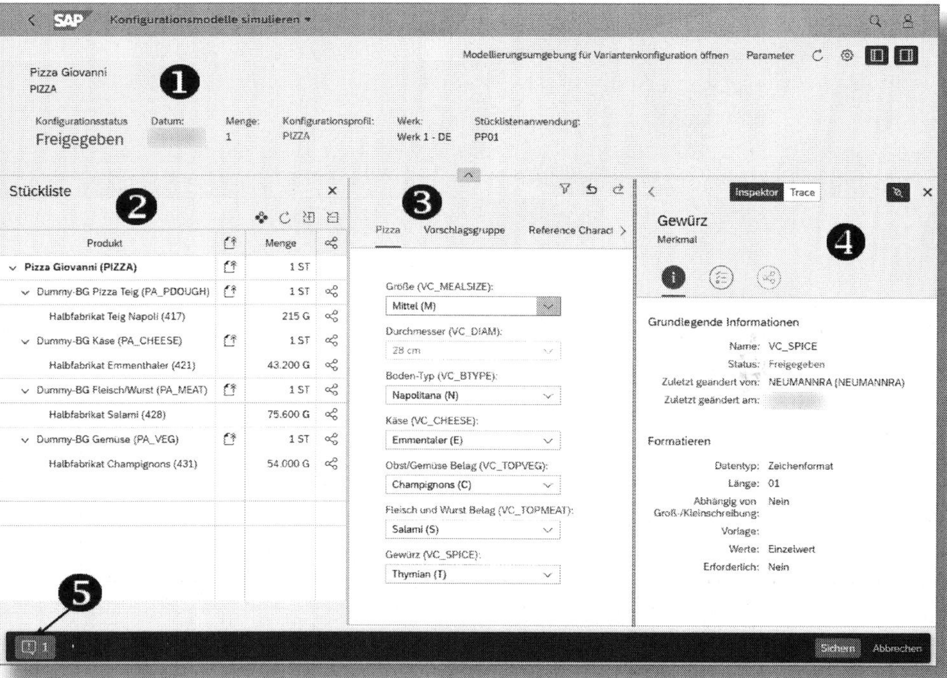

Abbildung 3.109: Übersicht Konfigurationssimulation

Der Screen besteht im Wesentlichen aus fünf Bereichen:

❶ Kopfinformationen

Hier stehen links die wesentlichen Basisinformationen zur Instanz, während weiter rechts PARAMETER (z. B. Werk, Auflösungsdatum), Einstellungen (Ansicht der Merkmale) und die Oberfläche (Panel-Ansicht) angepasst werden. Mit dem Button laden Sie das Modell neu.

❷ Strukturpanel

Hier erscheint die Konfigurationsstruktur (nur bei mehrstufigen Modellen, also nicht in unserem Beispiel), die Stücklisteninformationen (siehe Abschnitt 3.5.1) oder die Arbeitsplaninformationen (siehe Abschnitt 3.5.2).

❸ Bewertungsbereich

In diesem Teil werden Merkmale bewertet. Dies können auch Objektmerkmale sein, die auf Strukturen und Tabellen verweisen, die nicht in diesem Simulationskontext verfügbar sind (z. B. Kundenauftragspositionsmenge). Mit dem Button definieren Sie diverse Filterkriterien und mit den Icons können Sie letzte Eingaben rückgängig machen bzw. wiederholen.

❹ Side Panel

Das Side Panel mit dem INSPEKTOR enthält kontextabhängig unterschiedliche Detailinformationen, die es dem Modellierer erlauben, das Modell genauer zu analysieren und Probleme zu beseitigen.

Wenn Sie im Kopfbereich ❶ auf das Konfigurationsprofil PIZZA klicken, erhalten Sie im Side Panel die wesentlichen Einstellungen und mit eine Übersicht über das dem Konfigurationsprofil zugeordnete Beziehungswissen. Durch Klick auf das jeweilige Beziehungswissen gelangen Sie in die zugehörigen Detailinformationen und das Coding.

Durch Öffnen der Drop-down-Liste zu einem Merkmal weist Ihnen das Side Panel grundlegende Informationen dazu (in Abbildung 3.109 etwa das Merkmal »Gewürz«) aus. Betätigen Sie den Button , um die dem Merkmal zugeordneten Werte und mit Klick auf einen der Werte die entsprechenden Detailinformationen aufzurufen. Gleichzeitig erhalten Sie Hinweise, warum welcher Merkmalwert ausgeschlossen oder ausgewählt wurde. An Merkmalen hinterlegtes Beziehungswissen können Sie mit und beigeordnete Dokumente mit aufrufen. Die Simulation und die Analyse der Ergebnisse der Maximalstückliste sind in Abschnitt 3.5.1 und des Maximalarbeitsplan in Abschnitt 3.5.2 anhand eines Beispiels beschrieben.

Über die Schaltfläche TRACE können der Konfigurationstrace aktiviert sowie die Protokollausgaben eingesehen und analysiert werden. Bitte beachten Sie mit Klick auf die umfangreichen Filtereinstellungen.

❺ Nachrichtenbereich und Befehlsschaltflächen

Alle im linken Bereich auftretenden Meldungen werden gesammelt. Über das Symbol [!] 1 in der unteren Zeile werden Ihnen die Detailinformationen zu den gesammelten Nachrichten angezeigt. Ganz rechts befinden sich die Befehlsschaltflächen SICHERN oder ABBRECHEN; nutzen Sie diese immer, wenn Sie die Konfiguration verlassen möchten.

3.7 Übersicht Variantenkonfiguration

Die neu entwickelte Fiori-App »Übersicht Variantenkonfiguration« bietet nicht nur einen zentralen Einstieg in die Variantenkonfiguration, sondern gibt dem Produktmodellierer einen Überblick über häufig verwendete Objekte und Funktionen (siehe Abbildung 3.110).

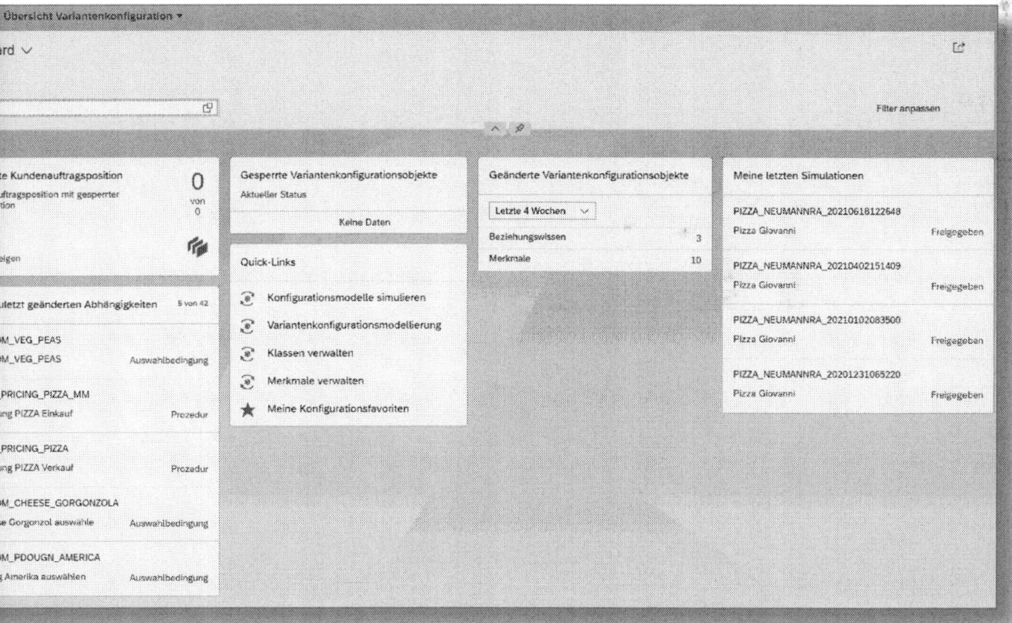

Abbildung 3.110: Übersicht Variantenkonfiguration

Über das Filterfeld PRODUKT können Sie die ausgegebene Liste auf das zu konfigurierende Material, z. B. PIZZA, reduzieren.

Sie haben außerdem die Möglichkeit, sich GESPERRTE KUNDENAUFTRAGSPOSITIONEN oder VARIANTENKONFIGURATIONSOBJEKTE auflisten zu lassen. Mit Klick auf die jeweilige Kachel gelangen Sie in einen List-Report, in dem Sie weitere Verarbeitungsschritte erreichen.

4 Konfigurationsszenarien

In Abschnitt 2.2 haben wir mögliche Fertigungsprinzipien beschrieben. Diese werden oft im Zusammenhang mit Variantenkonfiguration als »Konfigurationsszenarien« benannt. In diesem Kapitel wollen wir auf die konkrete Abbildung der beiden wesentlichen Szenarien »Configure-to-Order« und »Make-to-Stock« im SAP-S/4HANA-System eingehen.

Wir betrachten in diesem Buch die Variantenkonfiguration im Rahmen der logistischen Prozesskette fokussiert auf die Prozesse in der grau schraffierten Fläche in Abbildung 4.1.

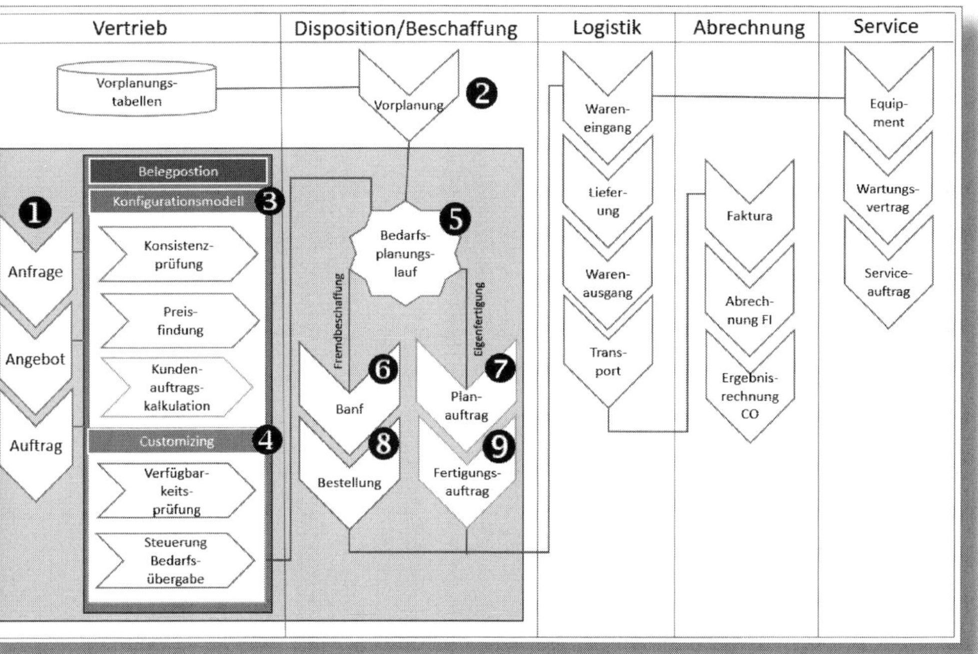

Abbildung 4.1: Integration des Konfigurationsmodells in die logistische Prozesskette

Die Erzeugung von Bedarfen kann über den Eingang eines Vertriebsbelegs ➊ (Anfrage ⇒ Angebot ⇒ Auftrag: Primärbedarf) oder über die Vorplanung ➋ (Planprimärbedarf) mittels Vorplanungstabellen initiiert werden. Auf die Erzeugung von Letzteren wird in diesem Buch nicht weiter eingegangen. Nachdem eine Belegposition im Vertrieb erfasst wurde, wird die Logik des Konfigurationsmodells für die Konsistenzprüfungen, die Preisfindung und die Kundenauftragskalkulation (Auflösung von Maximalstückliste und Maximalarbeitsplan) prozessiert ➌ (siehe Abschnitt 4.1.2). Die Verfügbarkeitsprüfung und die Steuerung der Bedarfsübergabe sowie weitere Belegpositionsparameter werden aus den SD-Customizing-Einstellungen hergeleitet ➍ (siehe Abschnitt 4.1.1).

Der Bedarfsplanungslauf ➎ verarbeitet diese Informationen und legt je nach Einstellung eine Bestellanforderung (Banf) ➏ (Fremdbeschaffung) oder einen Planauftrag ➐ (Eigenfertigung) an. Bei der Erzeugung des Planauftrags wird die Maximalstückliste aufgelöst (siehe Abschnitt 4.1.3).

Der Planauftrag kann in einen Fertigungsauftrag ➒ (siehe Abschnitt 4.1.4), die Bestellanforderung in eine Bestellung ➑ (siehe Abschnitt 4.1.5) überführt werden.

Die weiteren Prozesse in der Logistik und der Abrechnung entsprechen weitestgehend dem Standard einer Kundeneinzelfertigung und werden hier nicht weiter ausgeführt. Die Unterstützung der Prozesse im Service mittels konfigurierbaren Instandhaltungsanleitungen wäre Stoff für eine Fortsetzung zu diesem Buch.

4.1 Configure-to-Order

Der Prozess Configure-to-Order (CTO) (siehe auch Abschnitt 2.2) beginnt mit einer Anfrage bzw. einem Angebot des Kunden. Hier konfiguriert der Kunde oder der interne Sales-Mitarbeiter das Produkt und erhält einen individuellen Preis sowie einen Liefertermin. Sagt dem Kunden das Produkt zu, wird die konfigurierbare Position mittels Kopiersteuerung in ein Angebot oder in einen Kundenauftrag bzw. Kontrakt kopiert.

4.1.1 Grundeinstellungen im Vertrieb

Zu Beginn stellen wir die wesentlichen Grundeinstellungen vor, die für die korrekte Funktionalität von Bedeutung sind. Eine Erfassung von konfigurierbaren Positionen geschieht in sogenannten Vertriebsbelegen. Das können z. B. Anfragen, Angebote oder Aufträge sein.

Auftragsarten

Die *Auftragsarten* bestimmen, um welchen Belegtyp (Anfrage, Angebot, Auftrag etc.) es sich handelt und wie die individuelle Steuerung aussieht. Im Standard sind z. B. die Auftragsarten »TA-Terminauftrag« mit Preisfindung und »KL-kostenlose Lieferung« ohne Preisfindung vorgesehen. Sie werden zu Beginn der Auftragserfassung unter Angabe der Organisationseinheiten festgelegt.

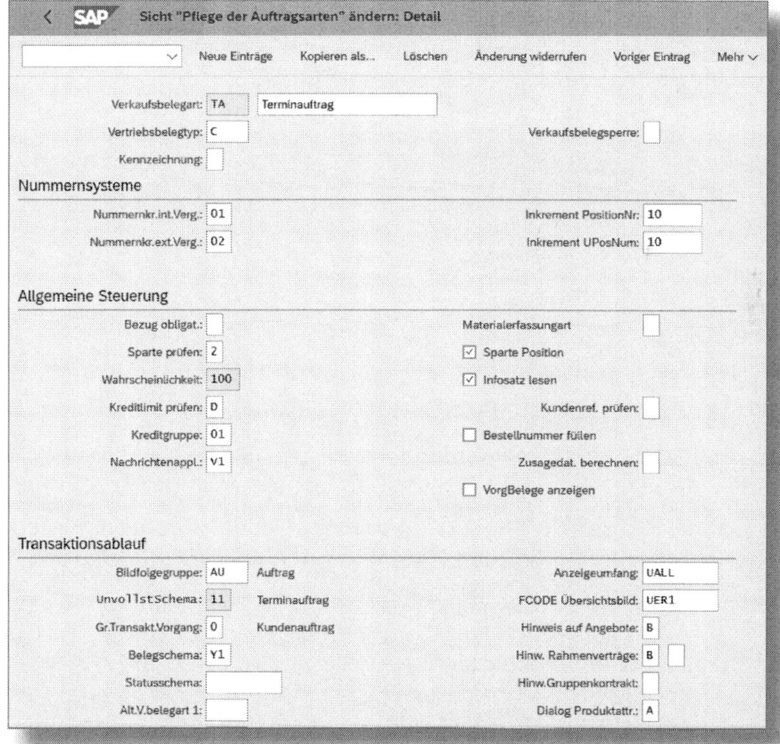

Abbildung 4.2: *Einstellungen zur Auftragsart »TA-Terminauftrag«*

Mit Einführungsleitfaden • Vertrieb • Verkauf • Verkaufsbelegkopf • Verkaufsbelegarten definieren (alternativ Transaktion *VOV8*) können Sie sich die Einstellungsmöglichkeiten anschauen (siehe Abbildung 4.2).

Positionstypen

Die *Positionstypen* werden je Auftragsposition hergeleitet. Ausgangspunkt der Positionstypenfindung ist die Positionstypengruppe in der Materialstamm-Sicht »Vertrieb: VerkaufsorgDaten 2«.

Unter Einführungsleitfaden • Vertrieb • Verkauf • Verkaufsbelegposition • Positionstypen zuordnen (oder Transaktion *VOV4*) definieren Sie die Findungsregeln. Das konfigurierbare Material ist eine Hauptposition. Im Standard wird mit der Positionstypengruppe (MTPOS) 0002 (= Konfiguration) aus dem Materialstamm und der Vertriebsbelegart (VArt) TA (= Terminauftrag) der Positionstyp CBTC (= Konfiguration oben) gefunden (siehe Abbildung 4.3).

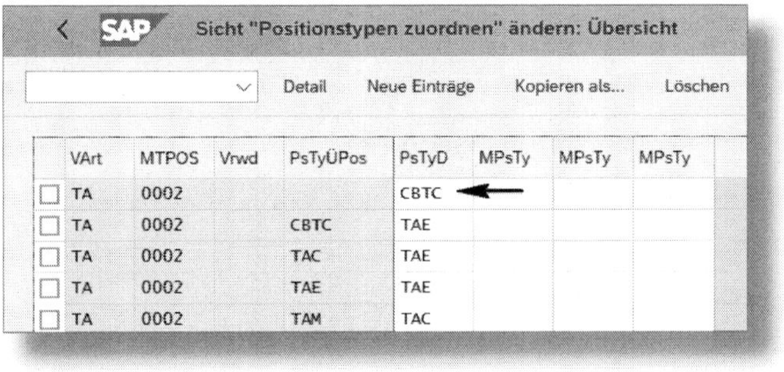

Sicht "Positionstypen zuordnen" ändern: Übersicht

Detail | Neue Einträge | Kopieren als... | Löschen

VArt	MTPOS	Vrwd	PsTyÜPos	PsTyD	MPsTy	MPsTy	MPsTy
TA	0002			CBTC ←			
TA	0002		CBTC	TAE			
TA	0002		TAC	TAE			
TA	0002		TAE	TAE			
TA	0002		TAM	TAC			

Abbildung 4.3: Positionstypenfindung

In der Spalte PsTyÜPos steht der Positionstyp der übergeordneten Position, sofern die konfigurierbare Position Teil einer Stückliste ist. Dieser Fall wird hier nicht näher betrachtet.

Die Einstellungen des gefundenen Positionstyps rufen Sie mit Einführungsleitfaden • Vertrieb • Verkauf • Verkaufsbelegposition •

POSITIONSTYPEN DEFINIEREN (alternativ Transaktion *VOV7*) auf (siehe Abbildung 4.4).

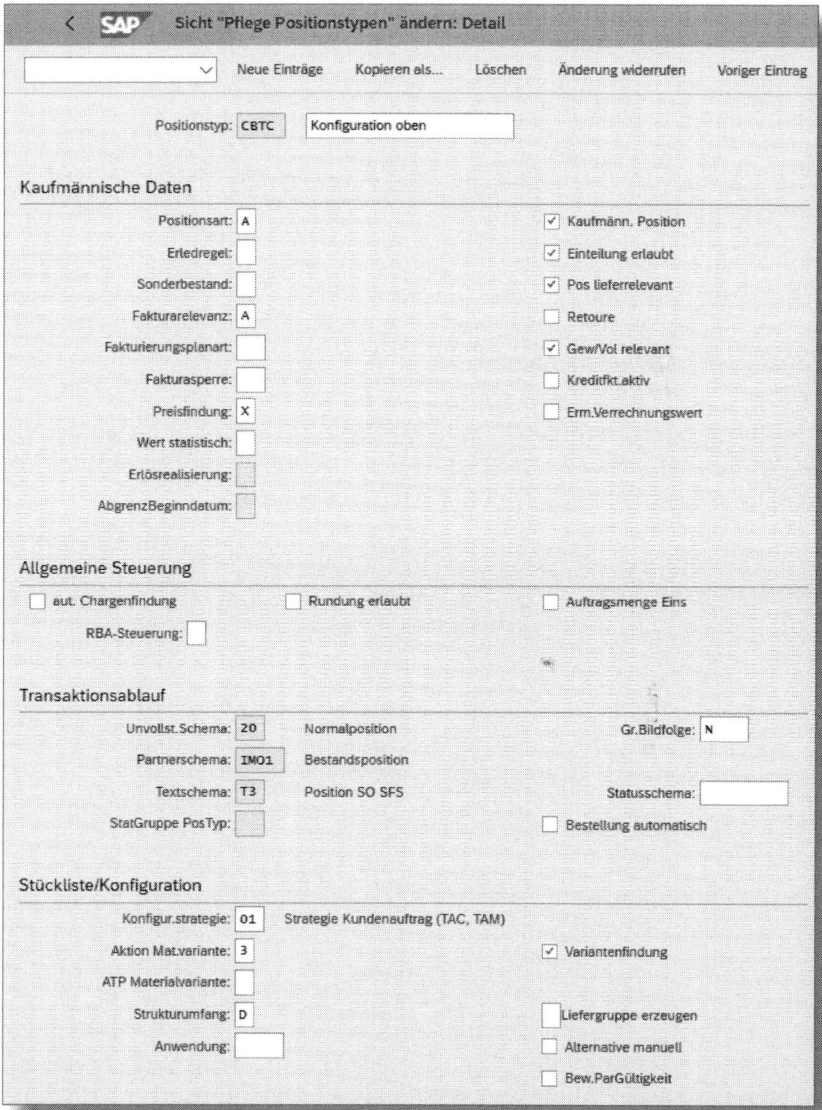

Abbildung 4.4: Definition des Positionstyps »CBTC – Konfiguration oben«

Hier sind die Informationen im Bereich Stückliste/Konfiguration im Kontext der Variantenfindung interessant (siehe Abschnitt 4.2).

Eine wichtige Funktion von Positionstypen ist die Zuordnung von Unvollständigkeitsschemata (Bereich Transaktionsablauf). Diese dienen dazu, die Systemreaktion für unvollständige oder gesperrte Konfigurationen festzulegen.

Einteilungstypen

Eine Position kann mehrere Einteilungen besitzen, die sich in Bezug auf Menge und Termin unterscheiden können. Über Einteilungen lässt sich auch die Bedarfsübergabe an angrenzende Arbeitsgebiete, z. B. Einkauf, Produktion, definieren.

Die Einteilungstypenzuordnung rufen Sie mit Einführungsleitfaden • Vertrieb • Verkauf • Einteilungen • Einteilungstypen zuordnen (alternativ Transaktion *VOV5*) auf (siehe Abbildung 4.5).

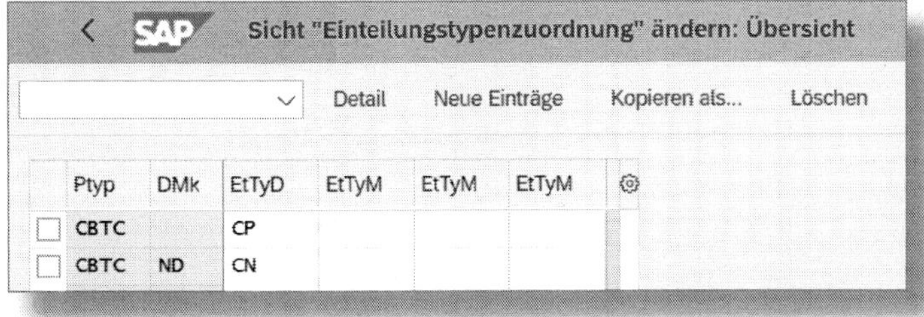

Abbildung 4.5: Einteilungstypenzuordnung

Für die Zuordnung können Sie zusätzlich zum gefundenen Positionstyp auch das Dispomerkmal aus den Werksdaten des Materialstamms heranziehen, wie in Spalte DMk zu sehen.

Die Definition der Einteilungstypen erreichen Sie über Einführungsleitfaden • Vertrieb • Verkauf • Einteilungen • Einteilungstypen definieren oder die Transaktion *VOV6* (siehe Abbildung 4.6).

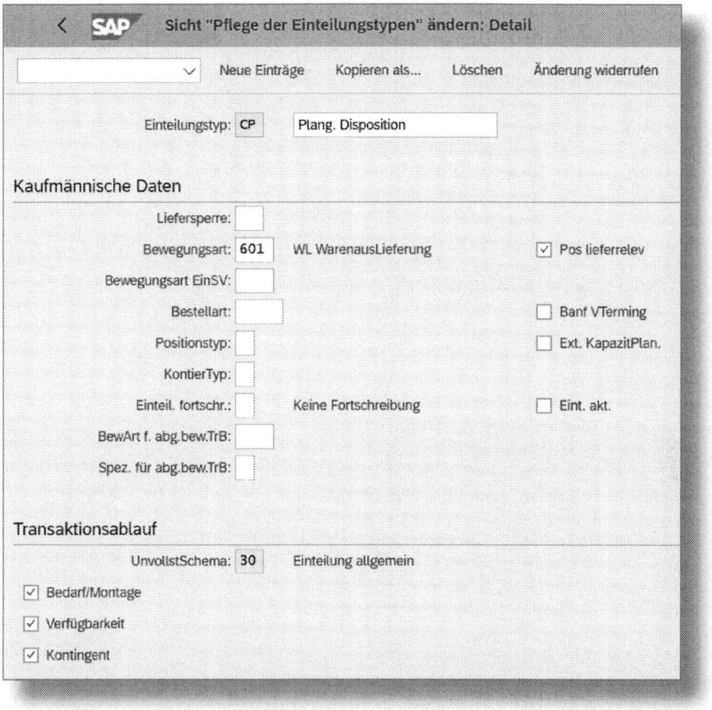

Abbildung 4.6: Pflege des Einteilungstyps »CP – Plang. Disposition«

Bedarfsübergabe

Die Bedarfsübergabe steuert, ob

- der Bedarf für die Disposition relevant wird,
- für eine Position die Verfügbarkeit zu prüfen ist,
- die Verrechnung mit Primär- und Kundenbedarfen erfolgt,
- die Nebenkontierung genutzt werden soll.

Der gefundene Einteilungstyp und das im konfigurierbaren Materialstamm in der Werkssicht eingetragene Dispositionsmerkmal bestimmen, welche *Bedarfsart* und welche dazugehörige *Bedarfsklasse* ermittelt werden.

Die Einstellung der Bedarfsart bzw. der daraus resultierenden Bedarfsklasse gilt im Vertriebsbeleg nur dann, wenn auch der Einteilungstyp eine Bedarfsübergabe vorsieht.

Die Einstellungen nehmen Sie im Einführungsleitfaden unter folgendem Menüpfad vor:

EINFÜHRUNGSLEITFADEN • VERTRIEB • GRUNDFUNKTIONEN • VERFÜGBARKEITSPRÜFUNG UND BEDARFSÜBERGABE • BEDARFSÜBERGABE

Im Vertriebsbeleg sehen Sie das Ergebnis auf dem Reiter BESCHAFFUNG (Abbildung 4.7).

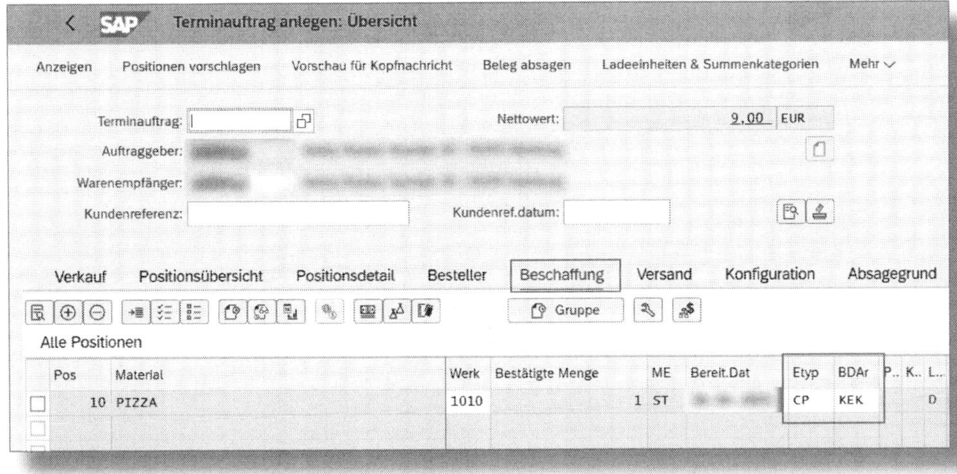

Abbildung 4.7: Ermittlung der Beschaffungsart im Vertriebsbeleg

Die gezeigten Einstellungsmöglichkeiten gelten nur im Vertriebsbeleg. Im Versand werden sie aus der im Materialstamm ermittelten Bedarfsart gezogen.

Kalkulationsschema und Konditionsarten

Schauen wir uns zum Verständnis der Variantenkonditionen das Ergebnis der Preisfindung aus Abschnitt 3.4.8 an (siehe Abbildung 4.8).

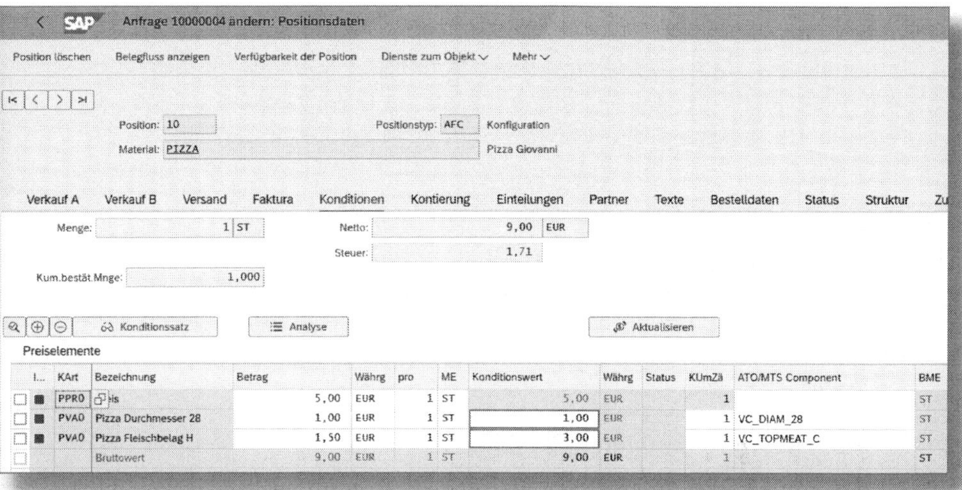

Abbildung 4.8: Positionskonditionen

In der Regel besteht eine konfigurierbare Position aus einem Basispreis für das Produkt, hier PPR0, und einem variantenabhängigen Zu- oder Abschlag – hier in der Konditionsart PVA0 abgebildet. Im Unterschied dazu kann innerhalb eines *Kalkulationsschemas* eine vom Standard abweichende Rechenregel eingerichtet werden. Darin legen Sie die Reihenfolge der Konditionsarten, die Basis- und Rechenformeln, Zwischensummen, Ausdruck auf Formularen etc. fest.

Die Ermittlung des relevanten Kalkulationsschemas erfolgt über die Kombination aus *Kundenschema* (Zuordnung im Kundenstammsatz unter AUFTRÄGE • PREISFINDUNG/STATISTIK) und *Belegschema* (Zuordnung zur Verkaufsbelegart).

Die zentrale Pflege erreichen Sie über den Pfad EINFÜHRUNGSLEITFADEN • VERTRIEB • GRUNDFUNKTIONEN • PREISFINDUNG • STEUERUNG DER PREISFINDUNG • KALKULATIONSSCHEMA DEFINIEREN UND ZUORDNEN.

Weiterführende Informationen zur Preisabbildung erhalten Sie in der SAP-Online-Hilfe unter der Komponente SD-BF-PR.

Kopiersteuerung

Innerhalb der *Kopiersteuerung*, zu erreichen über EINFÜHRUNGSLEITFADEN • VERTRIEB • VERKAUF • KOPIERSTEUERUNG FÜR VERKAUFSBELEGE (alternativ Transaktion *VTAA*) haben Sie die Möglichkeit, auf Basis des Positionstyps die Konfiguration einer Position im Quell- und Zielbeleg gezielt zu steuern:

[leer] = keine spezielle Steuerung (Standardfall)
Die konfigurierbare Position wird kopiert und kann im Zielbeleg unabhängig von der kopierten Position geändert werden. Damit entsteht eine neue Objektnummer, unter der die neue Position gespeichert wird.

A = Konfiguration kopieren/nicht fixieren
Wie [leer]

B = Konfiguration kopieren/fixieren
Die konfigurierbare Position wird kopiert und kann im Zielbeleg nicht mehr geändert werden. Im Zielbeleg wird eine neue Objektnummer erzeugt.

C = Konfiguration übernehmen/automatisch fixiert
Bei der Übernahme der konfigurierbaren Position wird im Zielbeleg lediglich auf die Objektnummer im Quellbeleg referenziert. Damit ist der Quellbeleg der Owner der Konfiguration. Wird nach dem Kopieren die Konfiguration im Quellbeleg geändert, ändert sich dadurch auch die Konfiguration im Zielbeleg.

Fixierung in der Kopiersteuerung

Wird eine Konfiguration im Zielbeleg fixiert, ist eine Aufhebung der Fixierung und damit eine Änderung nicht mehr möglich.

Schnellerfassung von Merkmalen

Ohne die Einrichtung der Schnellerfassung über den Pfad Einführungsleitfaden • Vertrieb • Verkauf • Verkaufsbelege • Schnellerfassung von Merkmalswerten in Verkaufsbelegen erscheint nach Eingabe der konfigurierbaren Position im Vertriebsbeleg das Merkmalbewertungsbild. Wenn Sie allerdings eine Vielzahl von konfigurierbaren Positionen im Vertriebsbeleg einzutragen haben, ist es wünschenswert, die Merkmale direkt in der Positionsübersicht einzugeben und anzuzeigen.

Diese Funktion betrachten wir nicht näher. Sie finden weiterführende Informationen dazu in der Dokumentation des jeweiligen Customizing-Punktes im Einführungsleitfaden.

4.1.2 Kundenauftrag

Rufen Sie die App »Kundenauftrag anlegen« auf und geben Sie im Einstiegsbildschirm die Auftragsart *TA-Terminauftrag,* die Verkaufsorganisation *1010,* den Vertriebsweg *10* und die Sparte *00* ein.

Nach Bestätigung Ihrer Eingaben erfassen Sie im Kopf des Belegs die Kundennummer (Feld Auftraggeber), die Kundenreferenz und das Kundenreferenzdatum.

Im Folgenden wollen wir eine Position fremdbeschaffen (Werk 1020) und eine Position selbst fertigen (Werk 1010).

Im unteren Bildschirmbereich von Abbildung 4.9 erfassen Sie die Position *PIZZA* mit der Menge 2 im Werk *1020.*

Dann nehmen Sie die Merkmalbewertung vor. Dies ist gleichbedeutend mit der *Konfiguration* des Produkts (siehe Abbildung 4.10).

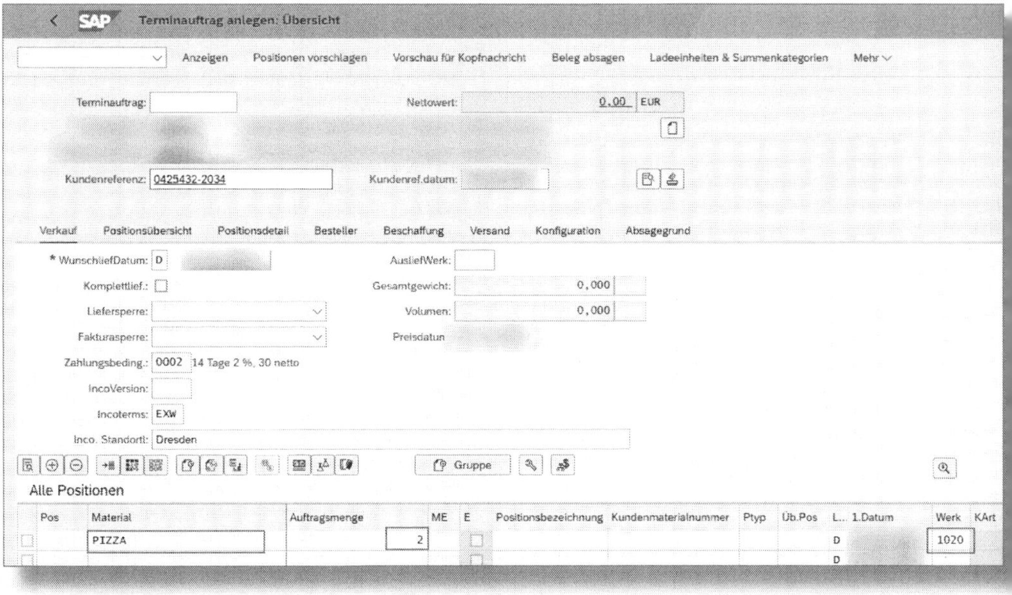

Abbildung 4.9: Terminauftrag anlegen – Position mit Fremdbezug

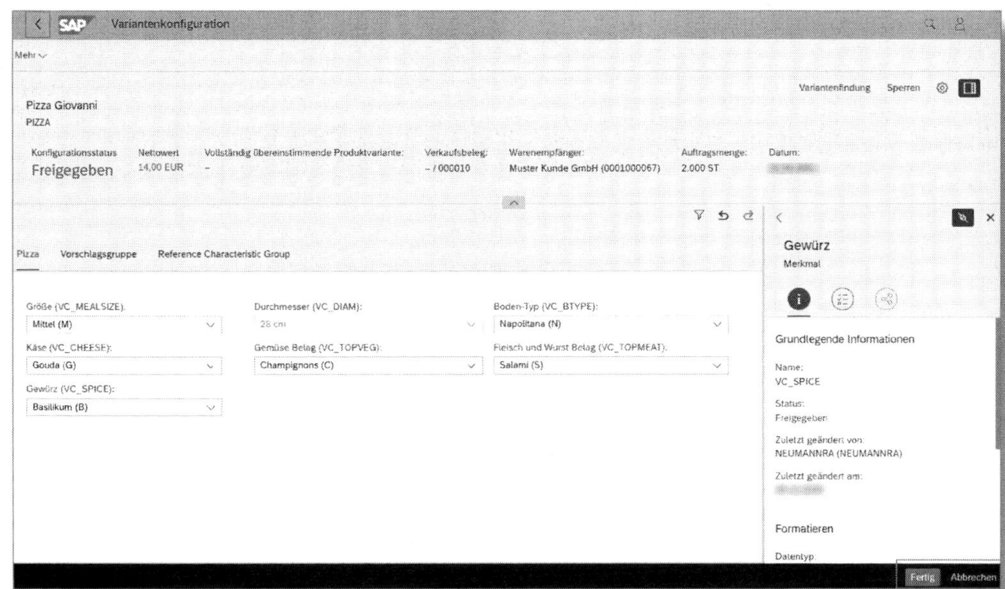

Abbildung 4.10: Terminauftrag anlegen – Merkmalbewertung Pos. 10

Beenden der Merkmalbewertung

Bitte verlassen Sie das Variantenkonfigurationsbild immer mit den Schaltflächen FERTIG oder ABBRECHEN unten rechts im Bildschirmbereich.

Anschließend erfassen Sie eine *PIZZA*-Position in Eigenfertigung mit der AUFTRAGSMENGE *15* (siehe Abbildung 4.11).

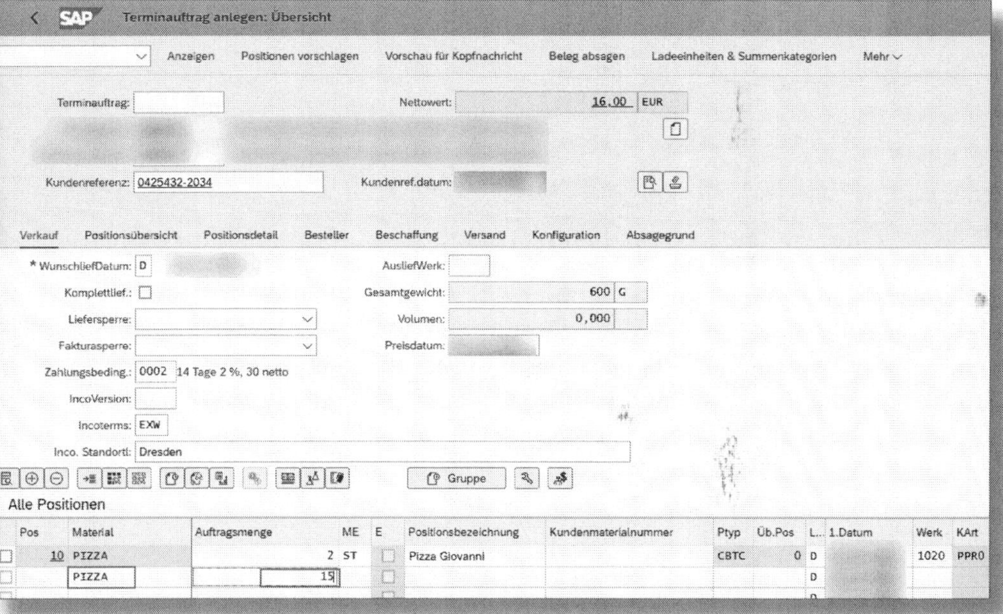

Abbildung 4.11: Terminauftrag anlegen – Position mit Eigenfertigung

Eine Eingabe des Werks ist hier nicht notwendig. Das Eigenfertigungswerk 1010 ist in den Materialstammdaten (Sicht Vertrieb: VERKORG2, Feld AUSLIEFERUNGSWERK) für den vorliegenden Vertriebsbereich (Verkaufsorganisation 1010/Vertriebsweg 10) als Default hinterlegt.

Konfigurieren Sie die Position wie in Abbildung 4.12 dargestellt.

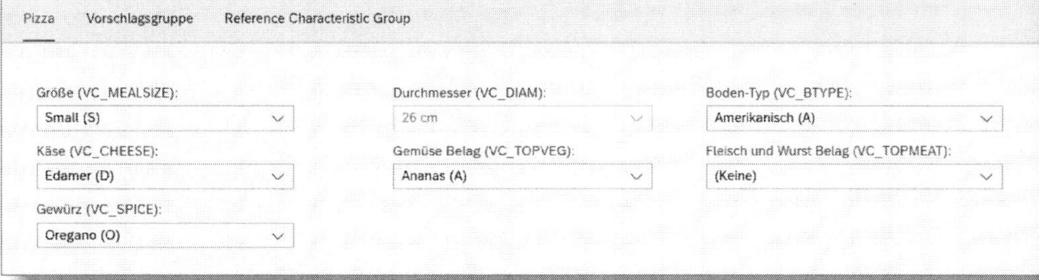

Abbildung 4.12: Terminauftrag anlegen – Merkmalbewertung Pos. 20

Nun sind schon die wesentlichen Weichenstellungen für die Folgeprozesse getroffen:

- Preisfindung
- Kundenauftragskalkulation
- Verfügbarkeitsprüfung
- Beschaffung
- Geschäftspartnerfindung
- Versandparameter wie Routenermittlung und Transportparameter
- Fakturaparameter wie Zahlungsbedingungen, Kontenfindung
- etc.

Jetzt speichern Sie bitte den Kundenauftrag.

4.1.3 Materialbedarfsplanungslauf

Über einen Materialbedarfsplanungslauf (**M**aterial **R**essource **P**lanning – kurz *MRP*) wird ein Planauftrag für die Eigenfertigung oder eine Bestellanforderung für die Fremdbeschaffung erzeugt.

Bei der herkömmlichen Datenbanktechnologie in ECC-Systemen sind diese Läufe in der Praxis aus Performancegründen nur wenige Male am Tag als Hintergrundjob einzuplanen. Die mit HANA ausgelieferte *In-Memory-Technologie* ermöglicht dagegen, je nach Stammdatenkonstellation, einen wesentlich schnelleren Bedarfsplanungslauf. Zusätzlich führt eine optimierte Datenablage zu einer verbesserten Laufzeit. Diese neue Funktionalität und Architektur wird oft auch als *SAP MRP Live* oder *MRP on HANA* bezeichnet. Aufgrund diverser Einschränkungen bei der Planung mit MRP Live (siehe SAP-Hinweis 1914010) wird jedoch die herkömmliche MRP-Funktionalität weiter unterstützt.

Im Umfeld der Variantenkonfiguration wird unter Umständen komplexes Beziehungswissen an der Maximalstückliste oder am Maximalarbeitsplan (Low-Level-Beziehungswissen) prozessiert. Die Ablage dieses Source Codes ist teilweise optimiert und führt insbesondere beim Einsatz von größeren Konfigurationsmodellen zu einer wesentlichen Performanceverbesserung. Das ist beim Design des Low-Level-Beziehungswissens zu berücksichtigen. Detaillierte Informationen dazu liefert der SAP-Hinweis 2639505.

Folgende Vorteile bietet der Bedarfsplanungslauf mit MRP Live:

- Mehrere Bedarfsplanungsläufe am Tag sind möglich
  - Kürzere Reaktionszeiten, da kritische Beschaffungssituationen früher erkannt werden
  - der Service-Level wird erhöht
  - genauere Prognosen für Produktion und Einkauf
  - mehr Flexibilität im Planungsumfang
- Werksübergreifende Planungen im Materialbedarfsplanungslauf bis auf Komponentenebene sind durchführbar
- Berücksichtigung der Materialien, die mit PP/DS geplant werden

Mit dieser modernen Technologie liefert die SAP auch einige neue Fiori-Apps mit erweiterten Analysemöglichkeiten aus. Mehr Informationen dazu finden Sie im SAP Help Portal unter dem Stichwort »Fiori Apps in PP-MRP«.

Schauen wir uns die Planungssituation des Materials PIZZA im Werk 1010 vor der Ausführung des Planungslaufs an. Dazu rufen Sie die App »Materialdeckung bearbeiten« auf (siehe Abbildung 4.13).

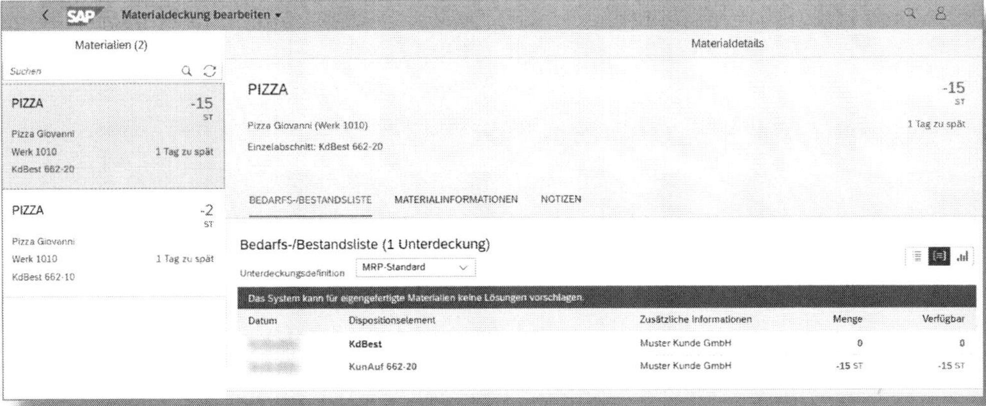

Abbildung 4.13: Materialdeckung bearbeiten vor MRP-Lauf

Das System hat das DISPOSITIONSELEMENT KUNAUF (Kundenauftragsbedarf) erzeugt. Konfigurationen können nur in einem Kundeneinzelsegment dispositiv betrachtet werden, da die Konfigurationsinformationen immer in Bezug zur Kundenauftragsposition stehen.

Nun stoßen Sie den Bedarfsplanungslauf mit der App »MRP Live« (Transaktion *MD01N* in der SAP GUI) manuell an (siehe Abbildung 4.14).

Im sich öffnenden Fenster können Sie Fehlersituationen analysieren oder sich die Ergebnisse anschauen.

Das Ergebnis in der App »Materialdeckung bearbeiten« ist ein generierter Planauftrag für das konfigurierbare Material, den Sie für das Beispiel einer Eigenfertigung in Abbildung 4.15 sehen.

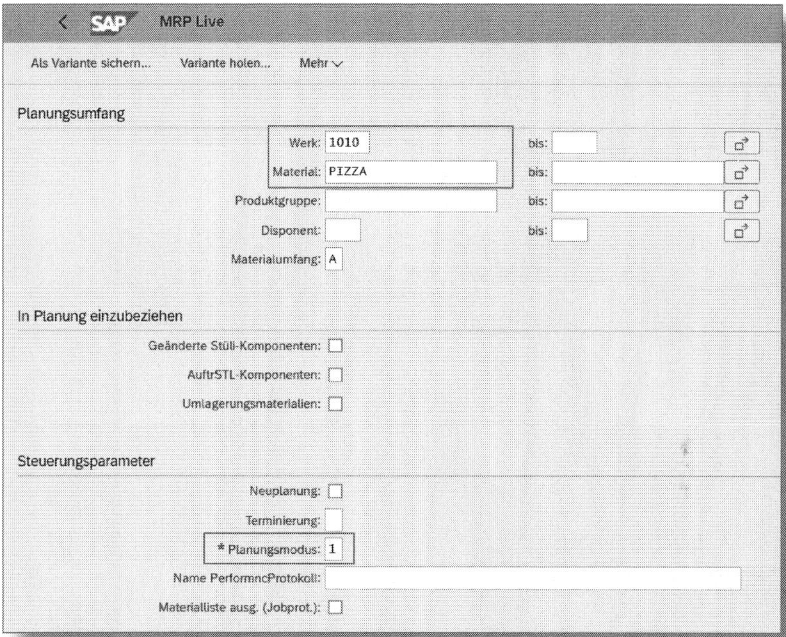

MRP Live

Als Variante sichern... Variante holen... Mehr

Planungsumfang

Werk: 1010 bis:

Material: PIZZA bis:

Produktgruppe: bis:

Disponent: bis:

Materialumfang: A

In Planung einzubeziehen

Geänderte Stüli-Komponenten:

AuftrSTL-Komponenten:

Umlagerungsmaterialien:

Steuerungsparameter

Neuplanung:

Terminierung:

* Planungsmodus: 1

Name PerformncProtokoll:

Materialliste ausg. (Jobprot.):

Abbildung 4.14: MRP Live – Selektionsbildschirm

Abbildung 4.15: Materialdeckung bearbeiten nach MRP-Eigenfertigung

! Vollständige Stammdatenausprägungen

Achten Sie darauf, dass alle verwendeten Materialien eine gültige Fertigungsversion und damit eine gültige Stückliste sowie einen gültigen Arbeitsplan haben müssen.

☛ Weitere Informationen zu MRP Live

Wenn Sie sich ausführlicher mit MRP Live befassen möchten, empfehlen wir einen Blick in das SAP Help Portal, Stichwort »Bedarfsplanung (PP-MRP)«.

4.1.4 Eigenfertigung

Bei der Erfassung einer konfigurierbaren Kundenauftragsposition ist die Angabe eines Werks obligatorisch. Ist im Materialstamm auf dieser Werksebene (hier Werk 1010) des konfigurierbaren Materials die Beschaffungsart E-EIGENFERTIGUNG eingetragen, erstellt der Materialbedarfsplanungslauf einen Planauftrag.

Planauftrag

Der *Planauftrag* gibt an, wann und in welcher Höhe das konfigurierbare Material beschafft werden muss *(Planprimärbedarf)*. Er verpflichtet zunächst nicht zur Beschaffung, sondern dient als ein internes Beschaffungselement und enthält die relevanten Bedarfstermine.

Rufen Sie die App »Planauftrag anzeigen« auf (siehe Abbildung 4.16).

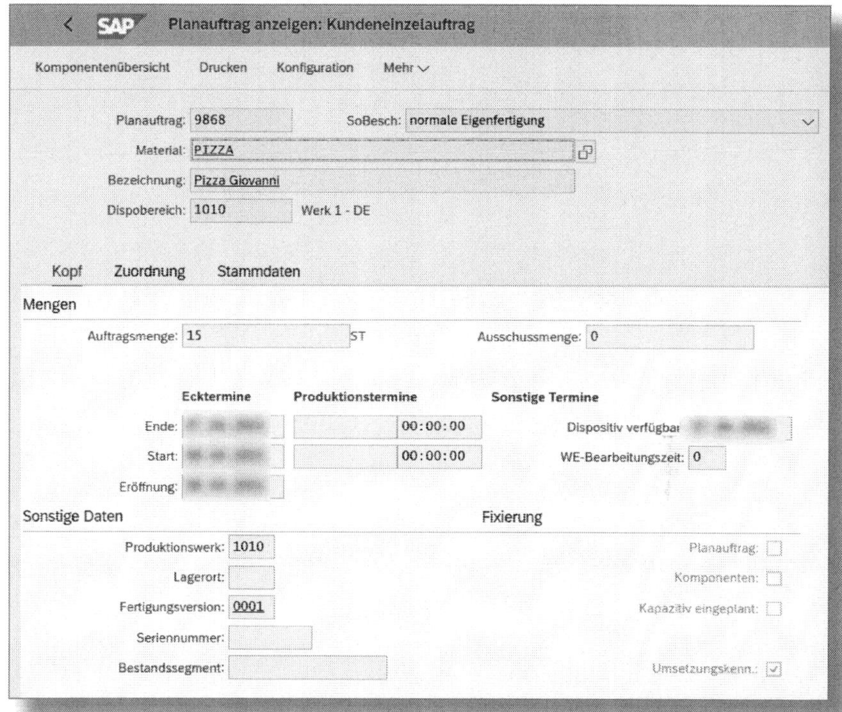

Abbildung 4.16: Planauftrag – Kundeneinzelauftrag, »Kopf«

Im Reiter ZUORDNUNG werden Ihnen die Zuordnungs- und Kontierungsinformationen ausgegeben. Der Reiter STAMMDATEN weist die wesentlichen Materialstammparameter sowie die verwendeten Stücklistenparameter aus.

Darüber hinaus enthält der Planauftrag die für die Herstellung benötigten Materialkomponenten und gibt deren Bedarf an die Disposition *(Sekundärbedarf)* weiter. Wählen Sie dazu im Planauftrag den Button KOMPONENTENÜBERSICHT (siehe Abbildung 4.17).

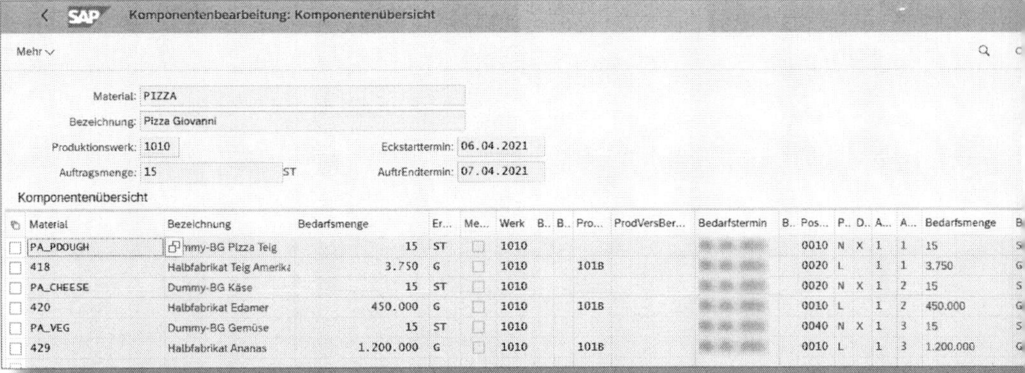

Abbildung 4.17: Planauftrag – Komponentenübersicht

Erkennt der Planungslauf, dass die Komponenten nicht zum gewünschten Termin gemäß Planprimärbedarf in der angeforderten Menge zur Verfügung gestellt werden können, generiert er auf der Sekundärbedarfsebene entsprechende Beschaffungselemente.

Ändern sich wesentliche Planungsparameter in den Stammdaten (z. B. im Maximalarbeitsplan) bzw. die Menge oder die Konfiguration im Kundenauftrag, wird auch der Planauftrag automatisch während des nächsten Planungslaufs angepasst. Eine automatische Anpassung kann unter KOPF • FIXIERUNG (Abbildung 4.16) mit den Häkchen im Feld PLANAUFTRAG (gesamter Auftrag ist fixiert) oder bei KOMPONENTEN (nur die aufgelöste Stückliste ist fixiert) unterbunden werden.

Über den Button KONFIGURATION können Sie sich die auf den Planauftrag basierende Konfigurationsbewertung anzeigen lassen.

Fertigungsauftrag

Aus der Übersicht »Materialdeckung bearbeiten« (siehe Abbildung 4.15) können Sie durch Klick auf die Drop-down-Liste in der Spalte ACTIONS und Auswahl der Funktion KONVERTIEREN den Planauftrag in einen Fertigungsauftrag umwandeln. Sobald Sie das nachfolgende Pop-up »Planauftrag umsetzen« bestätigen, wird der Fertigungsauftrag angelegt und in der Bedarfs-/Bestandsliste als Dispoelement aufgelistet.

Eine weitere Möglichkeit der Sammelumsetzung von Planaufträgen besteht über die App »Umsetzen Planaufträge in Fertigungsaufträge«.

Schauen wir uns den erzeugten Fertigungsauftrag mit der App »Fertigungsauftrag anzeigen« an (siehe Abbildung 4.18).

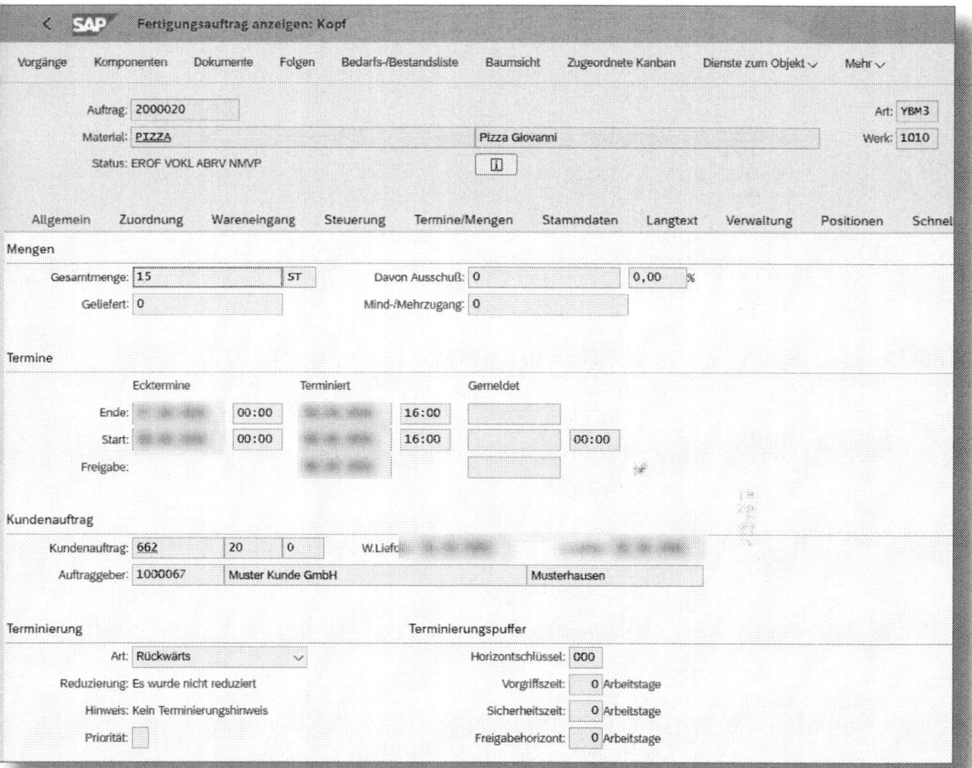

Abbildung 4.18: Fertigungsauftrag – Reiter »Allgemein«

Die entsprechenden Mengen, Termine und Kontierungsdaten wurden ermittelt. Es handelt sich immer um einen Fertigungsauftrag mit Bezug zur Kundenauftragsposition.

Werfen wir nun mit Klick auf den Menüpunkt KOMPONENTEN einen Blick auf die durch Beziehungswissen ermittelten Komponenten und Mengen (siehe Abbildung 4.19).

Abbildung 4.19: Fertigungsauftrag – Komponentenübersicht

Die Auswahlbedingungen wurden korrekt ausgeführt und nur die relevanten Komponenten aus der Maximalstückliste selektiert. Die Prozeduren haben für die richtigen Mengenherleitungen gesorgt.

Das Ergebnis der Maximalarbeitsplanauflösung sehen wir mit Klick auf den Menüpunkt VORGÄNGE (siehe Abbildung 4.20).

Der Vorgang »0040-Fleisch-/Wurstbelag aufbringen« ist nicht selektiert worden, da in der Konfiguration der zugrunde liegenden Kundenauftragsposition das Merkmal »Fleisch- und Wurstbelag« unbewertet blieb.

Mit Doppelklick auf die Vorgangsnummer erkennen Sie auf der Registerkarte VORGABEWERTE, welche Werte durch die Prozeduren gesetzt wurden (siehe Abbildung 4.21).

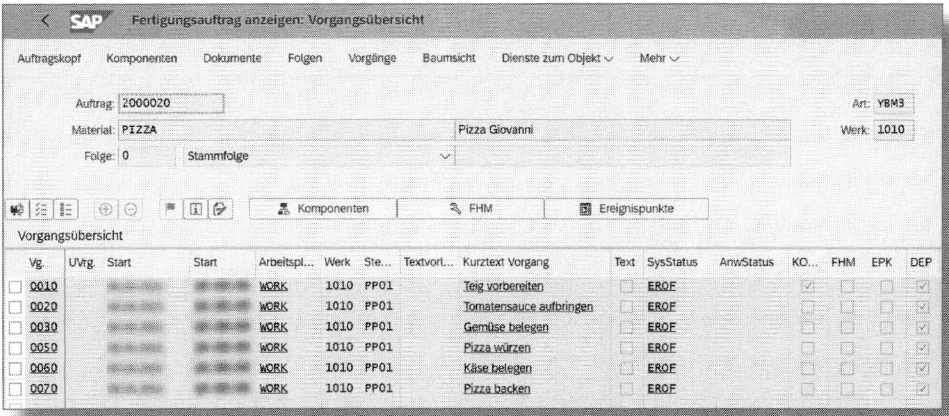

Abbildung 4.20: Fertigungsauftrag – Vorgangsübersicht

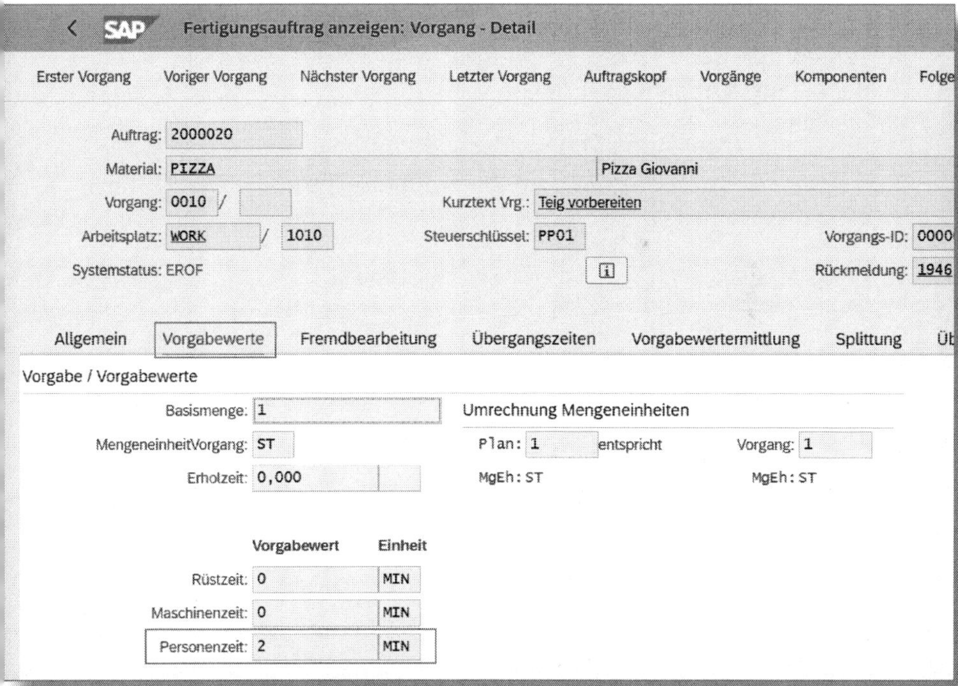

Abbildung 4.21: Fertigungsauftrag – Vorgangsdetail

Damit ist aus Sicht der Variantenkonfiguration der Eigenfertigungsprozess (Kundenauftrag – Bedarfsplanungslauf – Planauftrag – Fertigungsauftrag) abgeschlossen. Die Folgeprozessschritte wie Rückmeldung des Fertigungsauftrags, Warenbewegungen etc. entsprechen dem Standardverfahren.

4.1.5 Fremdbeschaffung

Die Position 0010 des Kundenauftrags soll im Werk 1020 fremdbeschafft werden (siehe Abschnitt 4.1.2 – Erfassung Position 10). Im Materialstammsatz PIZZA des Werks 1020 ist die Beschaffungsart auf der Werkssicht entsprechend auf F – FREMDBESCHAFFUNG eingestellt.

Bestellanforderung

Wir führen den Bedarfsplanungslauf für das Material PIZZA im Werk 1020 aus (siehe Abbildung 4.14).

Das Ergebnis in der App »Materialdeckung bearbeiten« ist eine generierte *Bestellanforderung* (kurz *Banf*) für das konfigurierbare Material (siehe Abbildung 4.22).

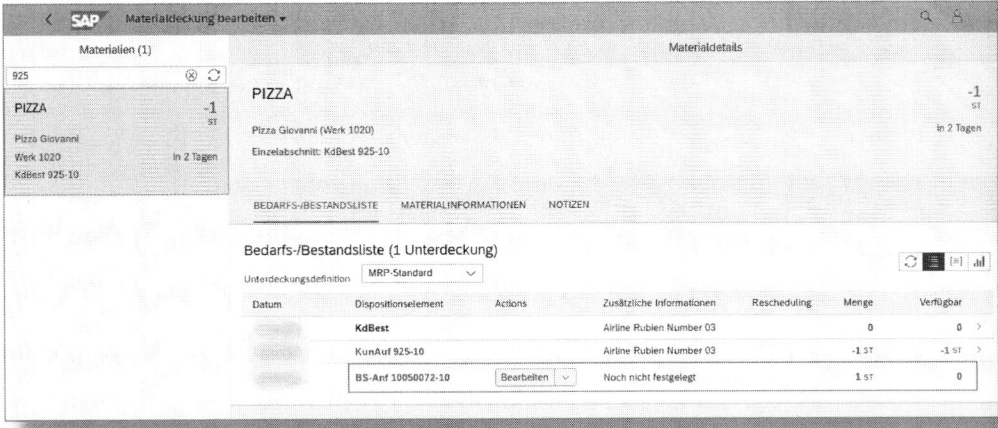

Abbildung 4.22: App »Materialdeckung bearbeiten« – Fremdbeschaffung

Eine Bestellanforderung ist die Anweisung an den Einkauf, ein Material in einer bestimmten Menge zu einem festgelegten Termin zu beschaffen. Sie ist, genauso wie der Planauftrag, ein internes Beschaffungselement. In der Bestellanforderung benötigen Sie im Gegensatz zum Planauftrag aber keine Stückliste und keinen Arbeitsplan.

Rufen Sie die App »Bestellanforderung anzeigen« auf (siehe Abbildung 4.23).

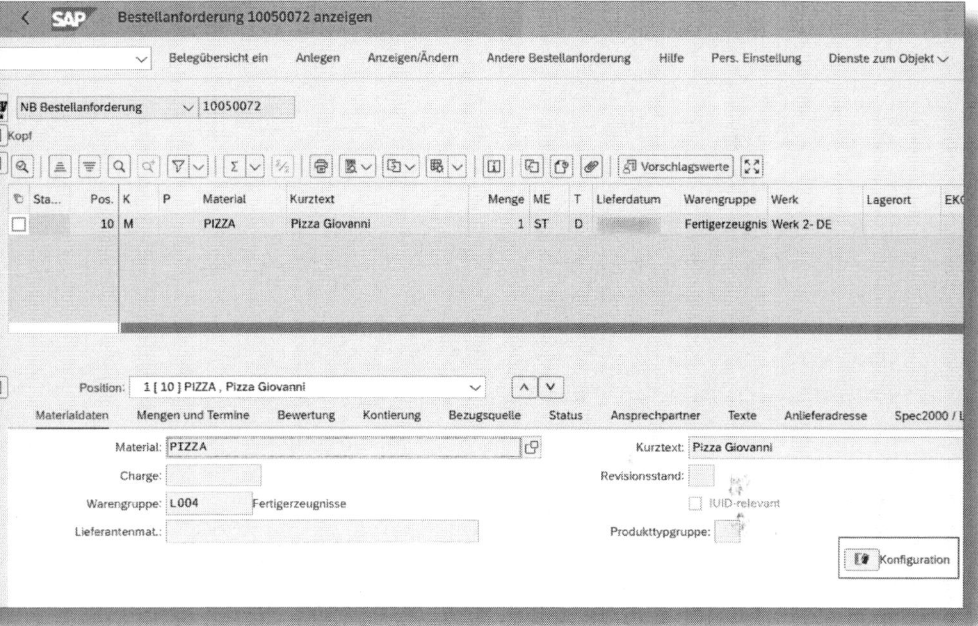

Abbildung 4.23: App »Bestellanforderung anzeigen«

Die Konfigurationsbewertung wird aus der zugrunde liegenden Vertriebsbelegposition kopiert. Der *Owner* der Konfiguration bleibt jedoch weiterhin die Vertriebsbelegposition. Das bedeutet, dass eine Änderung der Konfiguration im SAP-Standard nur dort vorgenommen werden kann. Beim nächsten Planungslauf wird diese Änderung dann automatisch an die Banf-Position weitergegeben.

Bestellung

Rufen Sie die in Abbildung 4.24 gezeigte App »Bestellung anlegen« auf. Schalten Sie in der Menüzeile die Belegübersicht mit dem gleichnamigen Button ein. Der Button ändert sich automatisch in BELEGÜBERSICHT AUS.

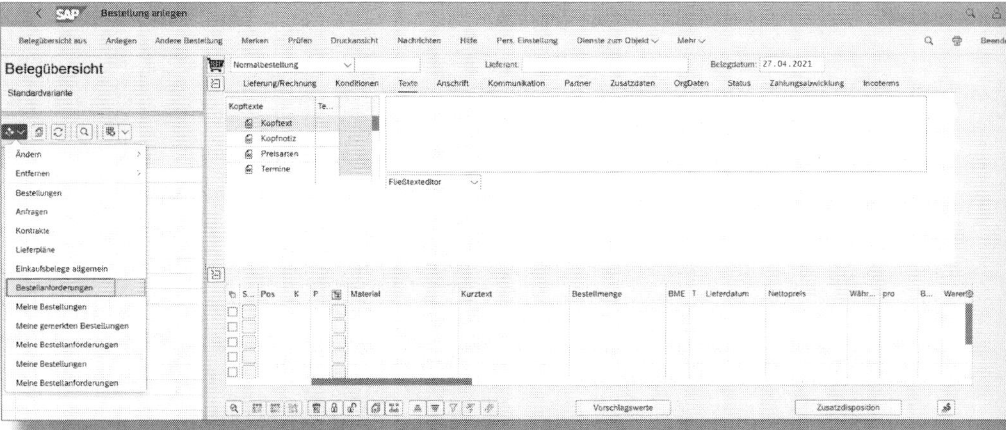

Abbildung 4.24: App »Bestellung anlegen« – Belegübersicht

Mit Klick auf den Menüeintrag BESTELLANFORDERUNGEN gelangen Sie in einen Selektionsbildschirm, in dem Sie die gewünschten Banfen selektieren können. Diese erscheinen daraufhin in der Belegübersicht. Hier können Sie sie markieren und mit dem Übernehmen-Button der Bestellung hinzufügen.

Damit ist aus Sicht der Variantenkonfiguration der Fremdbeschaffungsprozess abgeschlossen. Die sich anschließenden Prozessschritte, wie Bestätigungssteuerung, Wareneingang etc., entsprechen dem Standardverfahren.

4.2 Make-to-Stock

Wenn bestimmte Merkmalskombinationen oft verkauft werden, kann es sinnvoll sein, dafür jeweils eigene Materialstämme anzulegen und diese am Lager zu bevorraten, zu disponieren und auch ohne konkreten Kundenauftrag zu produzieren. Diese Produkte werden dann direkt vom Lager abverkauft. Dieser Prozess wird unter dem Begriff *Make-to-Stock (MTS)* zusammengefasst.

4.2.1 Materialvarianten

Eine *Materialvariante* ist ein eigener Materialstamm, der eine spezifische Merkmalbewertung eines konfigurierbaren Materials repräsentiert. Somit kann dieses **konfigurierte** Material als Lagermaterial ohne eingehenden Kundenauftrag disponiert und gefertigt werden.

Vorüberlegungen vor dem Einsatz von Materialvarianten

Materialvarianten werden im SAP-S/4HANA-System von den Modellierern und Stammdatenverantwortlichen vielfach kritisch beurteilt. Vor deren Einsatz sollten Sie sich über die Vor- und Nachteile im Klaren sein.

! Experten zu Rate ziehen

Ziehen Sie erfahrene Experten zurate, bevor Sie sich für den Einsatz von Materialvarianten entscheiden.

Materialvarianten bieten verschiedene Vorteile:

- Eine Lagerfertigung ohne eingehenden Kundenauftrag ist möglich. Die Materialvarianten können vom anonymen Lagerbestand abverkauft werden.
  - Der Versand erfolgt direkt vom Lager; dem Kunden können somit kürzere Lieferzeiten angeboten werden.
  - Rüstkosten lassen sich minimieren, da in höheren Losgrößen auf Lager produziert werden kann.
- Oft verkaufte Kombinationen von Merkmalbewertungen können fixiert werden. Damit wird dem Kunden unter einer Materialnummer immer eine definierte Lösung angeboten.

- Minimierung des Stammdatenpflegeaufwands:
  - Verkaufspreise sind vom konfigurierbaren Material ableitbar.
  - Die Stammdaten und die Beziehungswissen-Logik der Maximalstückliste und des Maximalarbeitsplans können übernommen werden. Das wahlweise Hinterlegen eigener Stücklisten und Arbeitspläne ist möglich.
- Mit der Funktion »Materialvariantenfindung« sind während des Konfigurationsprozesses die konfigurierten Materialstämme ermittelbar.
- Es kann mit Prognosebedarfen gearbeitet werden.

Es ist außerdem möglich, zunächst nur einen Teil der Merkmalbewertung im Materialstamm vorzugeben und die fehlenden Bewertungen erst im Vertriebsbeleg final auszuprägen (teilkonfigurierte Materialvariante). Dieses Verfahren wird hier nicht weiter betrachtet.

Materialvarianten haben aber auch Nachteile:

- Auf der Werkssicht kann die Verbindung mit dem konfigurierbaren Material nicht mehr gelöscht werden.
- Es können viele Materialvarianten existieren, die auf ein konfigurierbares Material verweisen. Ändert sich eine Regel für ein zugrunde liegendes konfigurierbares Material, muss die Auswirkung dessen auf alle existierenden Materialvarianten überprüft werden. Unter Umständen folgt aus der Änderung, dass die Konfiguration von einigen Materialvarianten anschließend nicht mehr konsistent ist. In so einem Fall kommen oft Add-Ons für das Management zahlreicher Materialvarianten zum Einsatz.
- Die Merkmalbewertung von Materialvarianten lässt sich nicht über einen Änderungsdienst (**E**ngineering **C**hange **M**anagement) steuern. Eine Änderung der Merkmalbewertung ist also sofort nach dem Speichern des Materialstamms gültig.

- Der Kunde erhält unter Umständen das gleiche Produkt einmal als Materialnummer mit ausgeprägter Materialvariante und einmal als konfigurierbares Material mit einer anderen Materialnummer – je nachdem, ob die Materialvariante aktiv ist oder nicht.

Best Practices beim Einsatz von Materialvarianten

Die unter »Nachteile« aufgeführten Risiken lassen sich nicht ganz ausschalten, aber mit einigen Maßnahmen zumindest reduzieren:

- Prüfen Sie, ob Sie mehrere Materialnummern, z. B. Materialnummer + Index, anlegen können. Damit könnten Sie dem Nachteil der fehlenden Löschmöglichkeit begegnen. Beispiel: Sie arbeiten mit den Materialnummern 1234567-01, 1234567-02 usw. Die Materialnummern repräsentieren das gleiche physische Material. Sie können jedoch bei internen Änderungen eine neue Version 1234567-03 ins Leben rufen und diese technisch verändert ausprägen.
- Setzen Sie Materialvarianten nur dort ein, wo diese unvermeidlich sind. Eine Alternative wäre eine interne ID, unter der die Konfiguration gespeichert wird. Besprechen Sie das Thema mit erfahrenen Beratern.
- Prägen Sie Materialvarianten immer erst im *Golden Client* aus. Prüfen Sie die Konsistenz und transportieren Sie die geänderten Objekte erst dann via ALE in die Zielsysteme (siehe auch Abschnitt 5.1.1).
- Prüfen Sie vor der Änderung eines Konfigurationsmodells die Auswirkungen von Materialvarianten auf die Konfigurationskonsistenz.
- Legen Sie ein Merkmal »Materialfindung an/aus« an, mit dem Sie einzelne Materialvarianten aus der Findung ausschließen können. Somit haben Sie die Möglichkeit, von einem Make-to-Stock-Szenario wieder auf ein Configure-to-Order-Szenario zurückzustellen, wenn sich die Merkmalskombination nicht mehr so oft verkauft.

Automatische Materialvariantengenerierung

Oft wünschen sich Kunden die automatische Anlage einer Materialvariante aus der Vertriebsbelegkonfiguration heraus. Dem hat die SAP Rechnung getragen und entsprechende BADIs zur Verfügung gestellt. Achten Sie auf die Verfügbarkeit für Ihren Releasestand.

Materialstammsatz

Die Zuordnung von konfigurierbarem Material zu einer Materialvariante erfolgt im Materialstamm der Materialvariante. Dieser Materialstammsatz kann der einer beliebigen Materialart sein. In der Regel werden hierfür jedoch die Materialarten »FERT« (Fertigerzeugnisse) und »HALB« (Halbfabrikate) genutzt.

Um eine Zuordnung vorzunehmen, bearbeiten Sie die Materialvariante in der App »Produktstammdaten verwalten« und tragen im Bereich KONFIGURATION das konfigurierbare Material ein (siehe Abbildung 4.25).

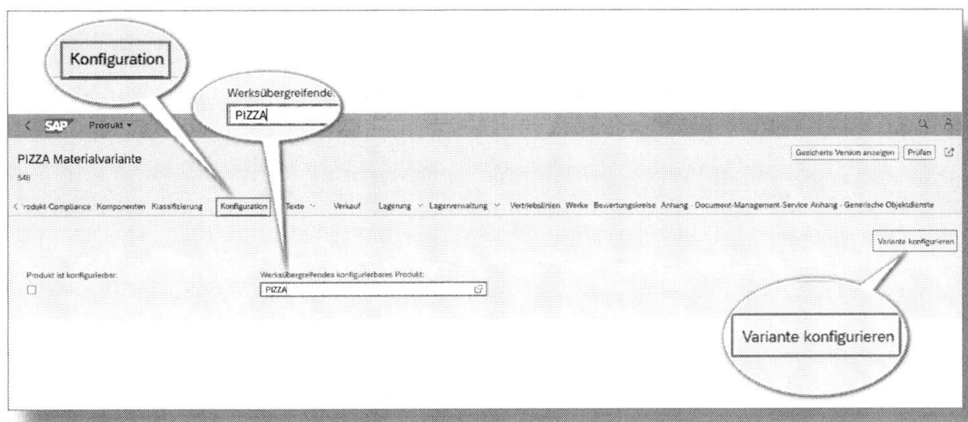

Abbildung 4.25: Zuordnung des konfigurierbaren Materials

Anschließend erfassen Sie mit Klick auf dem Button VARIANTE KONFIGURIEREN die gewünschte Merkmalbewertung (siehe Abbildung 4.26).

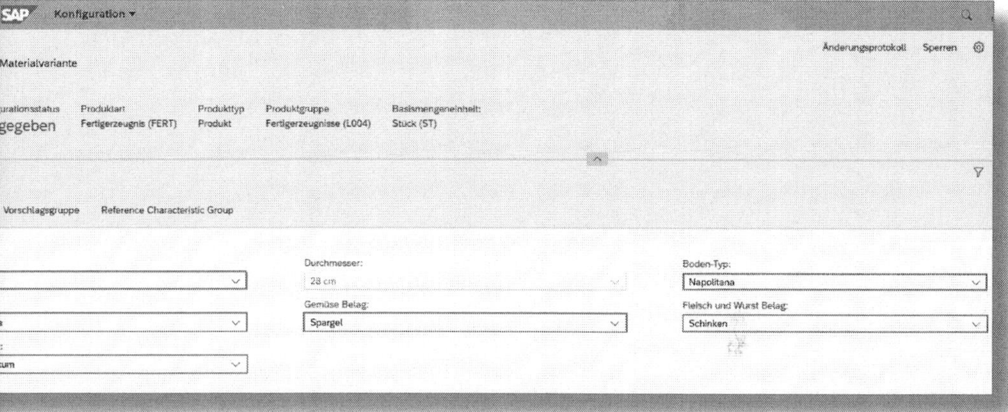

Abbildung 4.26: Materialvariante konfigurieren

Die Einträge in diesem Bereich dienen lediglich als Kopiervorlage für die Zuordnung und Bewertung innerhalb der Werkssichten.

> **☛ Einsatz der Fiori-App »Produktstammdaten verwalten«**
>
> Materialvarianten, die mit AVC-Modellen verknüpft werden, lassen sich nur über die App »Produktstammdaten verwalten« bewerten. In der App »Materialstamm ändern« können diese Bewertungen lediglich zur Anzeige gebracht werden. Nutzen Sie also vornehmlich die Fiori-App »Produktstammdaten verwalten«.

Entscheidend für die Prozessintegration ist die jeweilige werksspezifische Merkmalbewertung. Führen Sie die Zuordnung des konfigurierbaren Materials zur Materialvariante für jede Werkssicht durch.

! Fehlender werksübergreifender Abgleich der Bewertung

Alle werksspezifischen Merkmalbewertungen sind lediglich Kopien. Wenn Sie einen Merkmalwert in einem Werk ändern, wird diese Änderung nicht automatisch in alle anderen Werke übernommen. Besprechen Sie mögliche Lösungen mit einem erfahrenen Berater.

Lösungsansätze für einen werksübergreifenden Abgleich

Eine Lösungsoption ist, in den Sichten des Produktstamms so weit wie möglich auf manuelle Eingaben zu verzichten und Werte über Beziehungswissen und Variantentabellen herzuleiten. Mit der Transaktion *CUUPDMV* (Report RCUUPDMATVAR) zur Aktualisierung von Materialvarianten können Sie die werksindividuellen Einträge aktualisieren und somit konsistent halten. Des Weiteren kommen häufig Add-Ons für den Abgleich zum Einsatz.

Preisfindung

Im PIZZA-Modell haben wir unter bestimmten Bedingungen Variantenkonditionen ermittelt (siehe Abschnitt 3.4.8). Das Beziehungswissen wird im Produktstamm ausgewertet, und die Konditionsschlüssel werden im Preismerkmal gesammelt. Mit dem Eintrag des konfigurierbaren Materials PIZZA als Preismaterial in den Vertriebsbereichsdaten verwendet das System bei der automatischen Preisfindung alle Konditionsschlüssel, die für das PIZZA-Modell gelten. Alternativ können Sie auch einen eigenen, vom PIZZA-Modell abgekoppelten Preis als eigenen Konditionssatz hinterlegen und das Feld PREISMATERIAL leer lassen.

Stückliste

Mit der App »Zuordnung konfiguriertes Material anlegen« ist es Ihnen möglich, die Materialvariante mit der Maximalstückliste des zugrunde liegenden PIZZA-Modells zu koppeln. So lassen sich die Stammdaten und die Beziehungswissenlogik für die Materialvariante verwenden.

Geben Sie im Einstiegsbildschirm das MATERIAL der Materialvariante (z. B. Materialnummer *551*), das WERK *1010* und die VERWENDUNG *1 – Fertigung* ein und bestätigen Sie Ihre Eingaben mit [↵] (hier nicht dargestellt). Nun erkennt das System automatisch die Stückliste des auf der Werkssicht der Materialvariante eingetragenen konfigurierbaren Materials (siehe Abbildung 4.27).

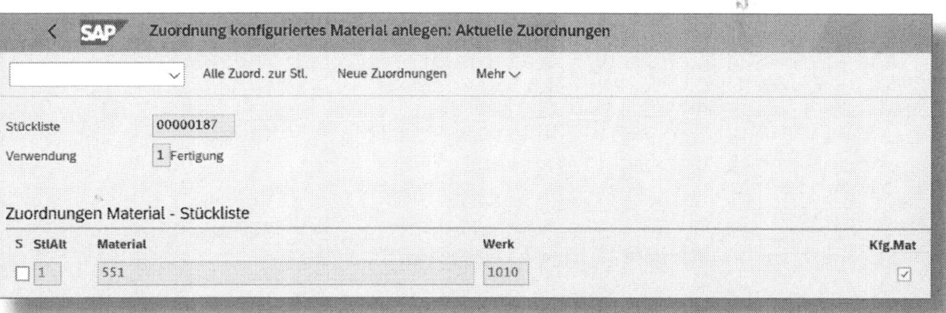

Abbildung 4.27: App »Zuordnung konfiguriertes Material anlegen«

Sichern Sie die Zuordnung.

Ohne diese Zuordnung lässt sich für die Materialvariante eine vom PIZZA-Modell abgekoppelte Stückliste anlegen.

Arbeitsplan

Es besteht außerdem die Option, eine Materialvariante dem Arbeitsplan des konfigurierbaren Materials zuzuordnen. Rufen Sie dazu mit der App »Normalarbeitsplan ändern« den Arbeitsplan des PIZZA-Modells auf. Wählen Sie dann MEHR • NORMALARBEITSPLAN • ZUORDNUNG (siehe Abbildung 4.28).

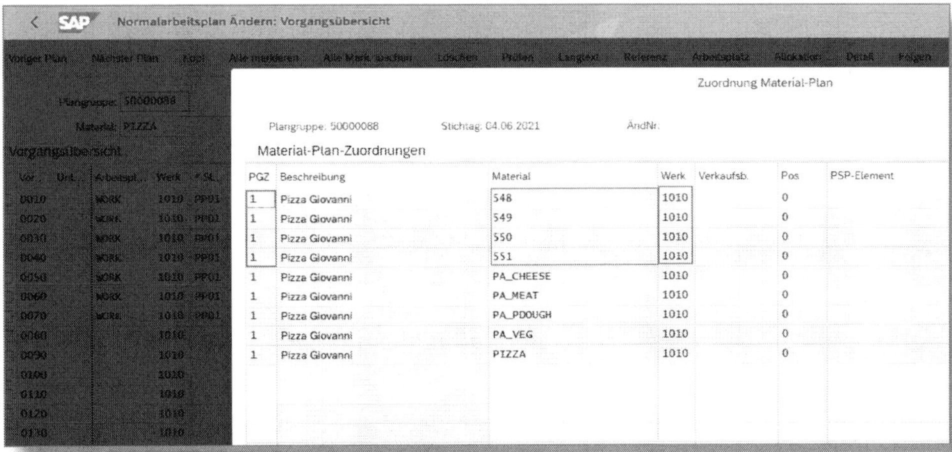

Zuordnung Material-Plan

Plangruppe: 50000088 Stichtag: 04.06.2021 ÄndNr.

Material-Plan-Zuordnungen

PGZ	Beschreibung	Material	Werk	Verkaufsb.	Pos	PSP-Element
1	Pizza Giovanni	548	1010		0	
1	Pizza Giovanni	549	1010		0	
1	Pizza Giovanni	550	1010		0	
1	Pizza Giovanni	551	1010		0	
1	Pizza Giovanni	PA_CHEESE	1010		0	
1	Pizza Giovanni	PA_MEAT	1010		0	
1	Pizza Giovanni	PA_PDOUGH	1010		0	
1	Pizza Giovanni	PA_VEG	1010		0	
1	Pizza Giovanni	PIZZA	1010		0	

Abbildung 4.28: Zuordnung Materialvariante zum Maximalarbeitsplan

Ohne Zuordnung können Sie auch einen vom konfigurierbaren Material abgekoppelten Arbeitsplan erstellen.

Festlegung der Merkmale für die Variantenfindung

Mit der App »Ausschluss von Merkmalen für die Typenfindung/Konf. vergleich« legen Sie die Merkmale fest, die bei der Findung nicht berücksichtigt werden sollen. Geben Sie im Selektionsbildschirm das konfigurierbare Material PIZZA und ggf. ein Merkmal an, das Sie ausschließen wollen (hier nicht dargestellt). Klicken Sie im Folgebildschirm auf den Button OBJ.MERKMALE SELEKTIERBAR. Sie sehen, dass Objektmerkmale per Default von der Typenfindung ausgeschlossen sind. Sie haben jedoch auch die Möglichkeit, diese bei der Typenfindung zu berücksichtigen. Markieren Sie unter AUSSCHLUSS TYPEN das Kontrollkästchen für die Merkmale, die nicht an der Typenfindung teilnehmen sollen (siehe Abbildung 4.29).

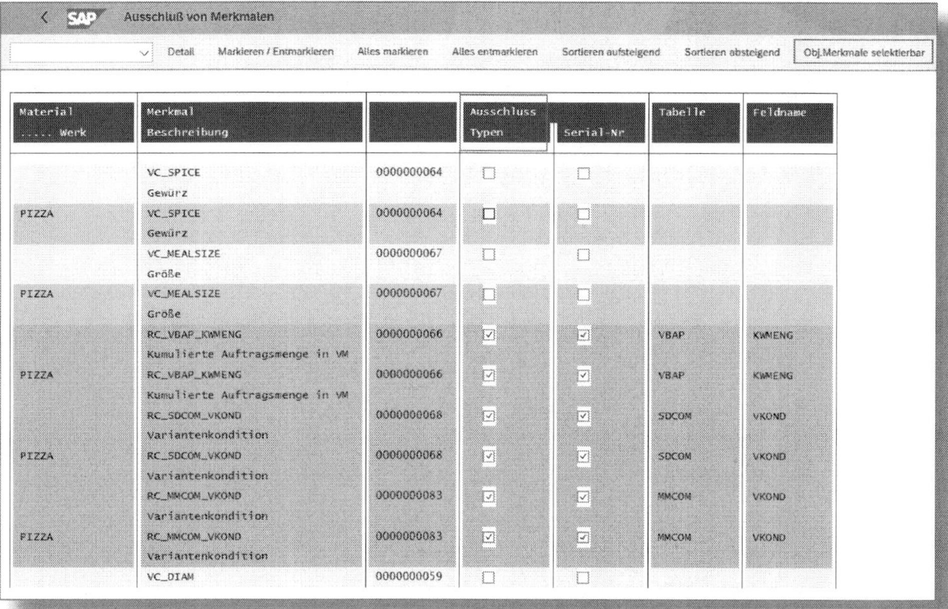

Material ..... Werk	Merkmal Beschreibung		Ausschluss Typen	Serial-Nr	Tabelle	Feldname
	VC_SPICE Gewürz	0000000064	☐	☐		
PIZZA	VC_SPICE Gewürz	0000000064	☐	☐		
	VC_MEALSIZE Größe	0000000067	☐	☐		
PIZZA	VC_MEALSIZE Größe	0000000067	☐	☐		
	RC_VBAP_KWMENG Kumulierte Auftragsmenge in VM	0000000066	☑	☑	VBAP	KWMENG
PIZZA	RC_VBAP_KWMENG Kumulierte Auftragsmenge in VM	0000000066	☑	☑	VBAP	KWMENG
	RC_SDCOM_VKOND Variantenkondition	0000000068	☑	☑	SDCOM	VKOND
PIZZA	RC_SDCOM_VKOND Variantenkondition	0000000068	☑	☑	SDCOM	VKOND
	RC_MMCOM_VKOND Variantenkondition	0000000083	☑	☑	MMCOM	VKOND
PIZZA	RC_MMCOM_VKOND Variantenkondition	0000000083	☑	☑	MMCOM	VKOND
	VC_DIAM	0000000059	☐	☐		

Abbildung 4.29: App »Ausschluss von Merkmalen«

Im Beispielfall nehmen wir hier keine Änderungen vor.

4.2.2 Materialvariantenfindung im Vertriebsbeleg

Werfen wir zunächst einen Blick auf die Einstellungen für die Variantenfindung im Positionstypen-Customizing (siehe Abbildung 4.30).

Stückliste/Konfiguration

Konfigur.strategie: 01 Strategie Kundenauftrag (TAC, TAM)
Aktion Mat.variante: 3
ATP Materialvariante:
Strukturumfang: D
Anwendung:
☑ Variantenfindung
☐ Liefergruppe erzeugen
☐ Alternative manuell
☐ Bew.ParGültigkeit

Abbildung 4.30: Customizing der Positionstypen

- Im Feld KONFIGUR.STRATEGIE soll *01 – Strategie Kundenauftrag (TAC, TAM)* eingestellt sein.
- Setzen Sie einen Haken bei der Checkbox VARIANTENFINDUNG.
- Im Feld AKTION MAT.VARIANTE legen Sie fest, wie das System bei der Auftragsanlage und -änderung auf eine gefundene Materialvariante reagieren soll.
- Das Feld ATP MATERIALVARIANTE steuert, ob eine Available-to-Promise-(ATP-)Verfügbarkeitsprüfung vorgenommen werden soll und ob bei nicht ausreichender Verfügbarkeit ein Ersatz gewünscht ist.
- Im Feld STRUKTURUMFANG wählen Sie für konfigurierbare Materialien die Konfiguration *C* (Konfiguration keine Stücklistenauflösung) oder *D* (Konfiguration evtl. mit Stücklistenauflösung).
- Im Feld ANWENDUNG können Sie schließlich das Arbeitsgebiet definieren, in dem die Stückliste aufgelöst werden soll. Das wären im Standard z. B.
  - »PP01 – Fertigung allgemein« für die Auflösung der Produktionsstückliste in Verbindung mit der Stücklistenanwendung »1 – Fertigung« oder
  - »SD01 – Vertrieb« in Verbindung mit der Stücklistenverwendung »5 – Vertrieb« für die Auflösung von Vertriebsstücklisten.
  - Bleibt der Eintrag leer, wird die Einstellung im Konfigurationsprofil verwendet.

Erfassen Sie nun in der App »Kundenauftrag anlegen« das konfigurierbare Material PIZZA. Bewerten Sie das Merkmal GRÖSSE mit MITTEL (M). Im Konfigurator (siehe Abbildung 4.31) rufen Sie oben rechts mit dem Button VARIANTENFINDUNG die Liste der Materialvarianten zur mittleren Größe auf.

Daraufhin erscheinen alle Materialvarianten, die im Materialstamm in der Werkssicht mit dem konfigurierbaren Material PIZZA verknüpft sind und dort den Wert »M« für das Merkmal »Größe« aufweisen (siehe Abbildung 4.31).

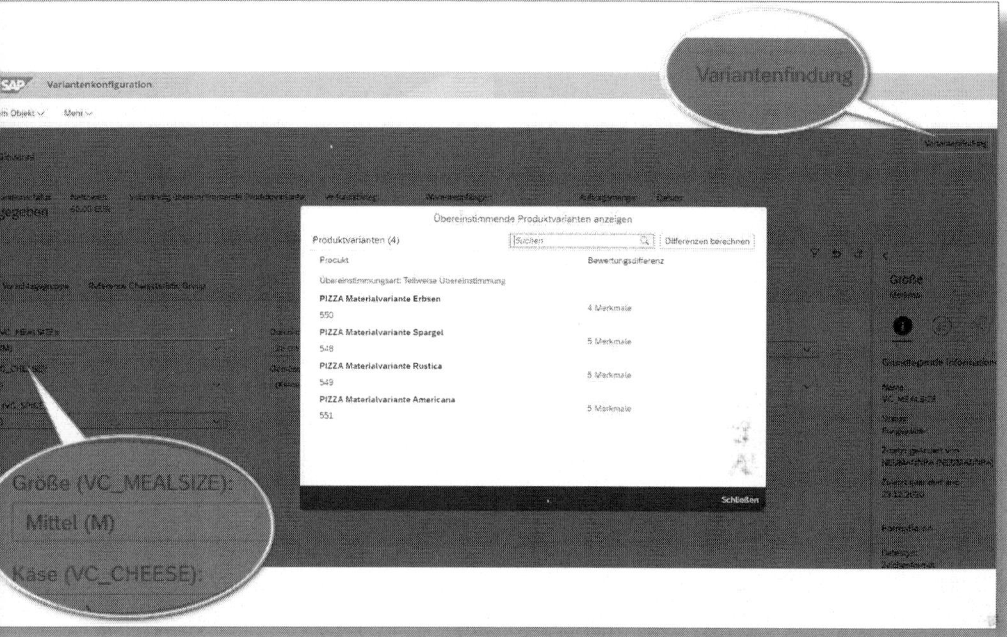

Abbildung 4.31: Variantenfindung im Vertriebsbeleg

In der Spalte BEWERTUNGSDIFFERENZ wird die Anzahl der unterschiedlichen Bewertungen aufgeführt. Die Materialvariante »Erbsen« ist ohne Fleisch-/Wurstbelag und weist daher vier Merkmale aus, die sich von der aktuellen Bewertung unterscheiden, während es in den anderen Fällen fünf Merkmale sind. Durch Doppelklick auf eine Materialvariante wird das konfigurierbare Material durch diese Materialvariante ersetzt. Bleibt nach der vollständigen Bewertung des konfigurierbaren Materials nur eine Materialvariante übrig, die vollständig mit der Merkmalbewertung übereinstimmt, vollzieht sich die Ersetzung automatisch.

5 Betrieb von Variantenkonfigurationsmodellen

Wie kann eine Systemarchitektur aussehen, die einen reibungslosen Betrieb von Variantenkonfigurationsmodellen sicherstellt? Im Folgenden zeigen wir Best-Practice-Ansätze und Werkzeuge dafür.

5.1 Systemlandschaft

Die Variantenkonfiguration ist thematisch dem Product Lifecycle Management (PLM), also eher dem Bereich Stammdaten zugeordnet. Wenn wir uns über die Systemlandschaft Gedanken machen, sollten wir ein Variantenkonfigurationsmodell jedoch wie eine Softwareentwicklung (z. B. ABAP-Entwicklung) behandeln. So wird beispielsweise ABAP-Coding in der Regel über die klassische 3-Systemlandschaft *Entwicklung – Test/Qualitätssicherung – Produktiv* verfügbar gemacht.

5.1.1 Golden Client

Bei dem Aufbau der Systemarchitektur müssen wir bedenken, dass Konfigurationsmodelle nicht mehr ohne Weiteres änderbar sind, wenn sie in Belegen (z. B. Kundenaufträgen) verwendet werden. In solchen Fällen können Modelle nur noch mithilfe des Änderungsdienstes angepasst werden. Das bedeutet: Ein Modell hat zum Zeitpunkt x einen anderen Stand als vor der Änderung. Beide Modellstände müssen jedoch vorgehalten werden, damit existierende Belege nicht ungültig werden und der alte Stand zu gegebener Zeit auslaufen kann.

Hier ist die Einrichtung eines sogenannten *Golden-Client-Mandanten* ratsam. Dieser beinhaltet ausschließlich Stammdaten der Variantenkonfiguration, und es dürfen keine Bewegungsdaten wie Kundenaufträge angelegt werden. Eine exemplarische Systemlandschaft könnte demnach wie in Abbildung 5.1 aussehen. Die Erweiterungen des Standards via Side-by-Side Extension in der Business Technology Platform sind dort allerdings nicht dargestellt.

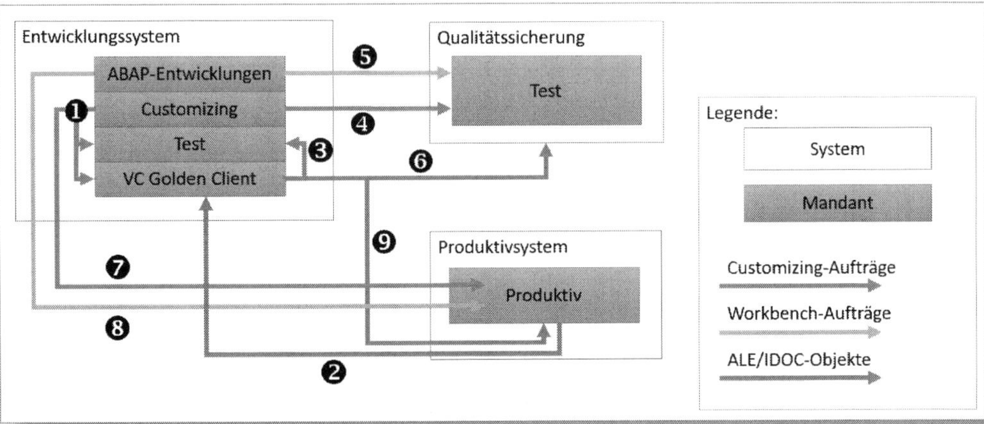

Abbildung 5.1: Beispiel für ein Golden-Client-Mandantenkonzept

Der »VC Golden Client« liegt im Entwicklungssytem und wird automatisch, da Workbench-Aufträge mandantenübergreifend sind, mit den aktuellen Programmentwicklungen versorgt. Der Transport der Customizing-Aufträge in den »VC Golden Client« erfolgt in der Regel ebenfalls automatisch via Job ❶. Das Original des konfigurierbaren Materialstamms liegt üblicherweise in einem PLM-System oder im Produktivsystem und wird von dort aus in den »VC Golden Client« transportiert ❷.

Sobald alle aktuellen Einstellungen im »VC Golden Client« vorliegen, beginnt der Aufbau des Modells. Nach Abschluss der Modellierung kann das Modell in den Testmandanten des Entwicklungssystems übertragen werden, der normalerweise rudimentäre Stammdatenausprägungen besitzt ❸. Nach erfolgreicher Prüfung werden die Customizing- ❹ und die Workbench-Aufträge ❺ sowie das Konfigurationsmodell ❻ in das Qualitätssicherungssystem übertragen. Sobald die Abnahme des Modells im Qualitätssicherungssystem erfolgt ist, können die relevanten Customizing- ❼ und Workbench-Aufträge ❽ sowie das Konfigurationsmodell ❾ in das Produktivsystem transportiert werden.

Das bedeutet, dass Sie in den Systemen ein dediziertes Berechtigungskonzept implementieren müssen. Jedes Modellobjekt bietet entsprechende Pflegeberechtigungsfelder an. Diese sehen Sie z. B. in Abbildung 3.36 (Felder TABELLENSTRUKTUR und TABELLENINHALT in den Basisdaten der Variantentabelle) oder in Abbildung 3.31 (das Feld PFLEGEBERECHTIGUNG in den BASISDATEN von Constraint-Netzen).

5.1.2 Verteilung mit der Product Data Replication Workbench

Für Customizing- und Workbench-Aufträge gibt es Verwaltungstools, die die Versionierung, Vergleiche, Freigabeverfahren etc. bereitstellen. Objekte aus der Variantenkonfiguration werden über die Technologie Application Link Enabling (ALE) mittels des standardisierten Formats Intermediate Document (IDoc) verteilt – wobei ein Modell aus verschiedenen IDoc-Typen besteht, die in einer definierten Reihenfolge transportiert werden müssen.

Für die Verwaltung und Systemverteilung von IDocs bietet die SAP die sogenannte *Product Data Replication (PDR)* Workbench an, mit der *Delta-Transporte* realisiert werden. Das bedeutet, dass nur die Änderungen seit dem letzten Transport berücksichtigt werden und das in der vorgegebenen Reihenfolge, inklusive der Berücksichtigung von Änderungsständen. Weitere Informationen erhalten Sie in der SAP-Online-Hilfe unter dem Stichwort »PLM Produktdatenverteilung«.

5.2 Change Management

Konfigurationsmodelle unterliegen im Laufe ihres Produktlebenszyklus häufig Änderungen, die über Modellversionen oder Releasezyklen abgebildet werden. Beispiele hierfür sind auslaufende Merkmalwerte oder der Ersatz des eingesetzten Materials in der Stückliste durch ein Nachfolgematerial.

! Sparsamer Einsatz des Änderungsdienstes

Wenn Sie Objekte eines Modells mit einer Änderungsnummer versehen, können nachfolgende Änderungen an diesen Objekten ebenfalls nur noch mit Änderungsnummer abgewandelt werden – auch wenn keine »Gültig ab – Gültig bis«-Anforderung existiert. Damit steigen die Modellkomplexität und der Wartungsaufwand des Modells.

Setzen Sie den Änderungsdienst daher nur dann ein, wenn Sie zwingend eine »Gültig ab – Gültig bis«-Anforderung abbilden müssen.

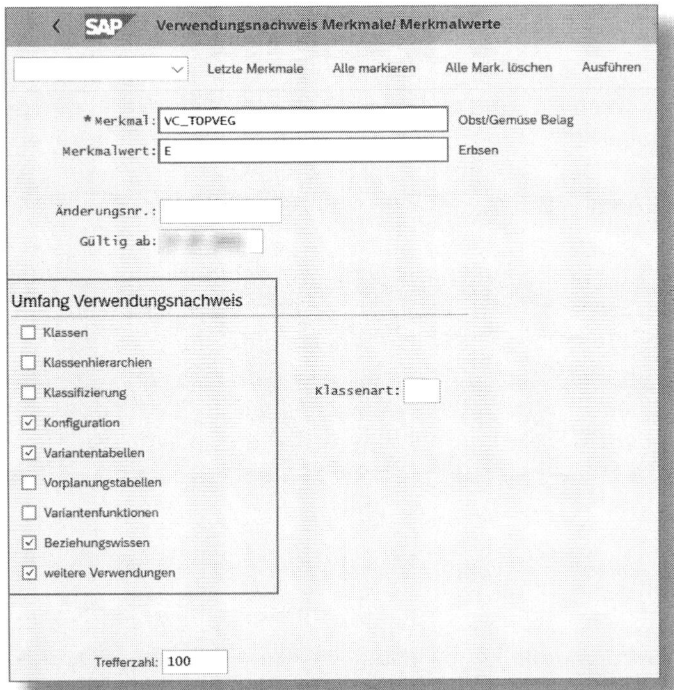

Abbildung 5.2: Verwendungsnachweis Merkmalwert Erbsen – Selektionsbild

Um das an unserem Beispielmodell zu verdeutlichen, nehmen wir an, dass die Zutat »Erbsen« ab einem bestimmten Datum nicht mehr ausgewählt werden darf.

Verschaffen Sie sich zunächst einen Überblick, in welchen Objekten der Merkmalwert »E-Erbsen« des Merkmals »VC_TOPVEG« verwendet wird. Rufen Sie dazu die App »Verwendungsnachweis Merkmale/ Merkmalwerte« auf und füllen Sie das Selektionsbild (siehe Abbildung 5.2).

Klicken Sie den Button Ausführen. Das Ergebnis könnte wie in Abbildung 5.3 aussehen.

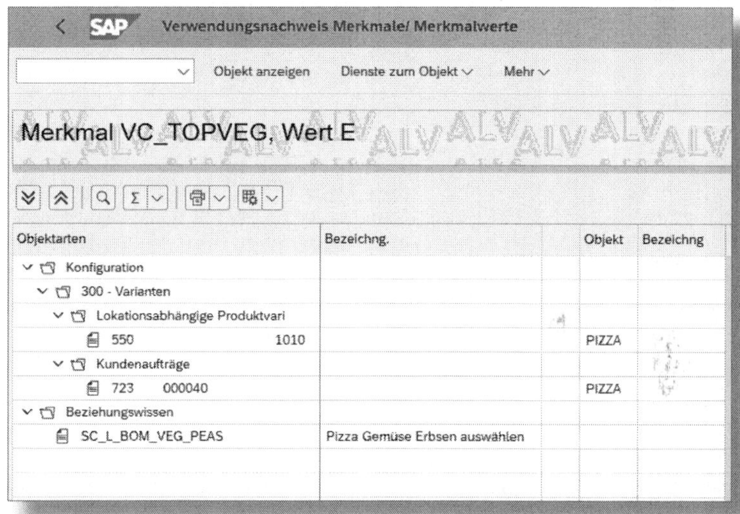

Abbildung 5.3: Verwendungsnachweis Merkmalwert Erbsen – Ergebnis

Wir sehen, dass der Merkmalwert in der Konfiguration der Materialvariante 550 im Werk 1010 und im Kundenauftrag 723 der Position 40 verwendet wird. Die Materialvariante darf ab dem Auslaufdatum nicht mehr genutzt werden und ist abzukündigen. An dieser Stelle muss daher entschieden werden, ob der Kundenauftrag mit Erbsen noch ausgeliefert werden kann oder ob der Kunde zu informieren ist.

☞ Vorprüfung vor Änderung

Verwendungsnachweise müssen im Vorfeld mit dem Kunden und der Fertigung geklärt werden, bevor Sie das Modell ändern.

Unter Beziehungswissen sehen wir einen Eintrag. Anhand der sinnvollen Namensgebung (siehe auch Kapitel 8) erkennen wir, dass es sich um eine Auswahlbedingung (SC_ steht für Selection Condition) an einer Maximalstückliste (SC_L_BOM...) handelt.

Aus dieser Analyse ergibt sich, dass wir zum einen den Merkmalwert »E-Erbsen« des Merkmals »VC_TOPVEG« und zum anderen in der Maximalstückliste das entsprechende Halbfertigteil mit der Änderungsnummer löschen müssen.

Dazu rufen wir die App »Änderungsstamm anlegen« auf und bestätigen das Einstiegsbild mit [↵].

☞ Entstehung der Änderungsnummer mit Golden Client

In Verbindung mit einem Golden-Client-Konzept (siehe Abschnitt 5.1.1) sollte die Änderungsnummer im Produktivsystem entstehen und von dort in den Golden Client transportiert werden. Alternativ wäre ein eigener Nummernkreis für Änderungsnummern mit Variantenkonfiguration zu konzipieren.

☞ Nutzung eines Änderungsprofils

Im laufenden Betrieb hat es sich bewährt, für Modelländerungen ein eigenes Änderungsprofil anzulegen, um die änderbaren Objekttypen und deren Steuerung festzulegen (siehe Einstiegsbildschirm der App »Änderungsstamm anlegen«).

Füllen Sie die Felder im Änderungskopf gemäß Abbildung 5.4 aus.

Klicken Sie dann auf den Menüpunkt Objekttypen und pflegen Sie die Objekttypen, die mit dieser Änderungsnummer angepasst werden sollen (siehe Abbildung 5.5).

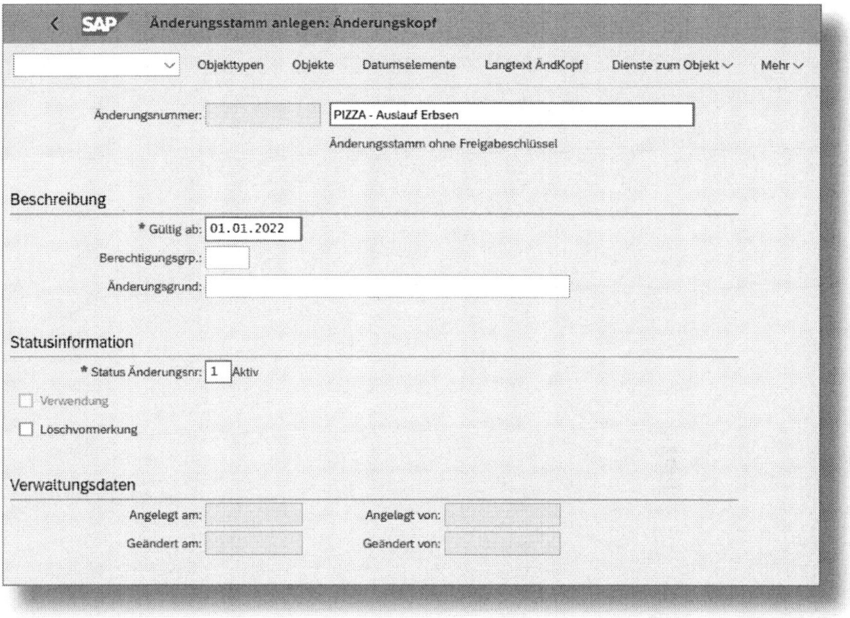

Abbildung 5.4: Änderungsstamm anlegen – Änderungskopf

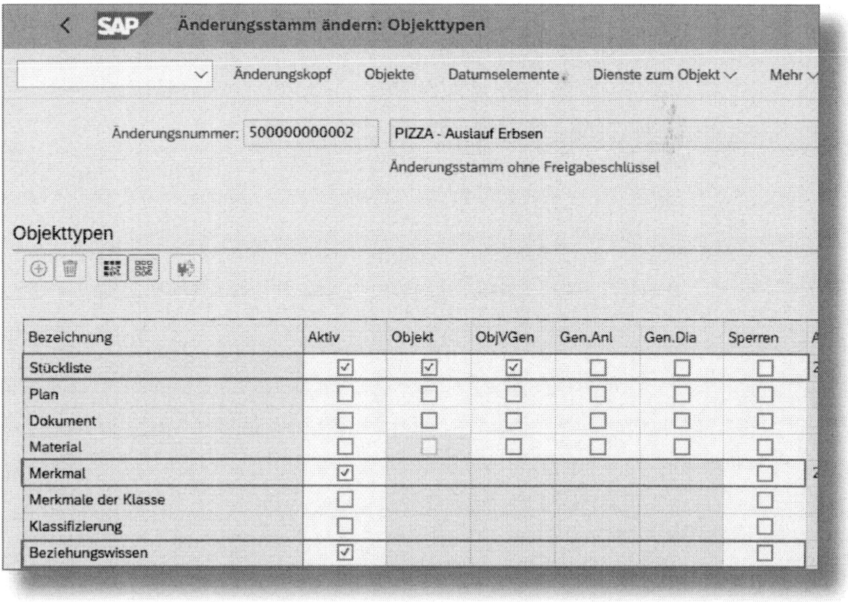

Abbildung 5.5: Änderungsstamm anlegen – Objekttypen

Das GÜLTIG AB-Datum der Änderungsnummer wird automatisch hergeleitet. Markieren Sie den Wert »E« und löschen Sie diesen mit ⊖ (siehe Icons unten in Abbildung 5.6).

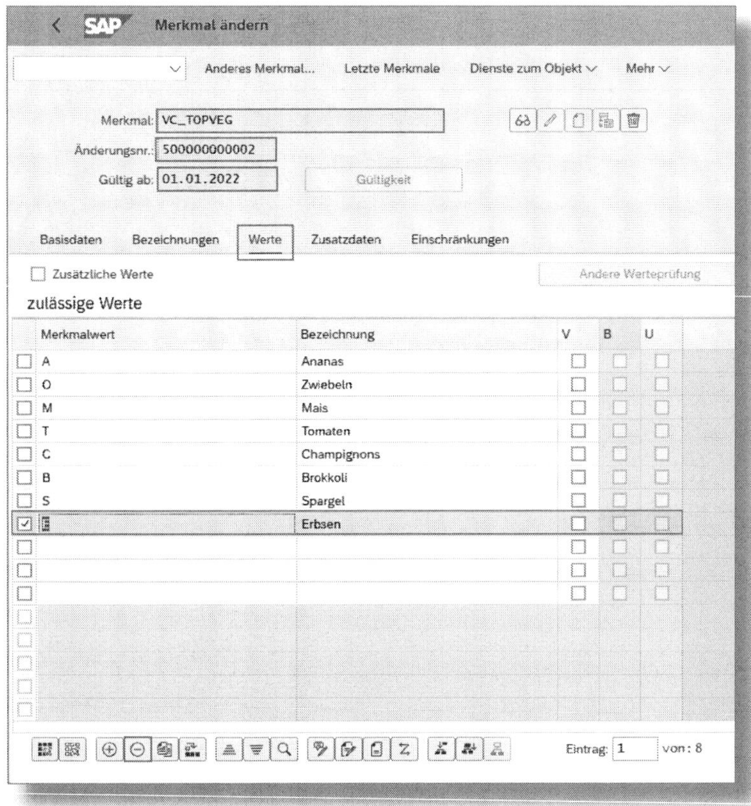

Abbildung 5.6: Merkmalverwaltung – Löschen eines Merkmalwerts

! Änderungsnummer obligatorisch

Ist das Merkmal einmal mit Änderungsnummer geändert worden, lassen sich nachfolgende Modifikationen nur noch mit der Angabe einer Änderungsnummer realisieren. Der Pflegeaufwand wächst dadurch immens.

👉 Alternative zum Löschen eines Merkmalwerts

Für die reine Demonstration der Problemstellungen ist das ausgewählte Beispiel gut geeignet.

In der Praxis wäre es jedoch unter Umständen eleganter gewesen, wenn man den Merkmalwert »E« über ein Constraint aus der Auswahl der möglichen Werte ausgeschlossen hätte, um so auf die Änderungsnummer in der Merkmalpflege verzichten zu können.

Das zweite zu ändernde Objekt ist die Maximalstückliste, die Sie mit der App »Materialstückliste ändern« aufrufen. Wir wollen die Dummy-Baugruppe *PA_VEG* im WERK *1010* mit der VERWENDUNG *1 – Fertigung* inklusive ÄNDERUNGSNUMMER pflegen (siehe Abbildung 5.7).

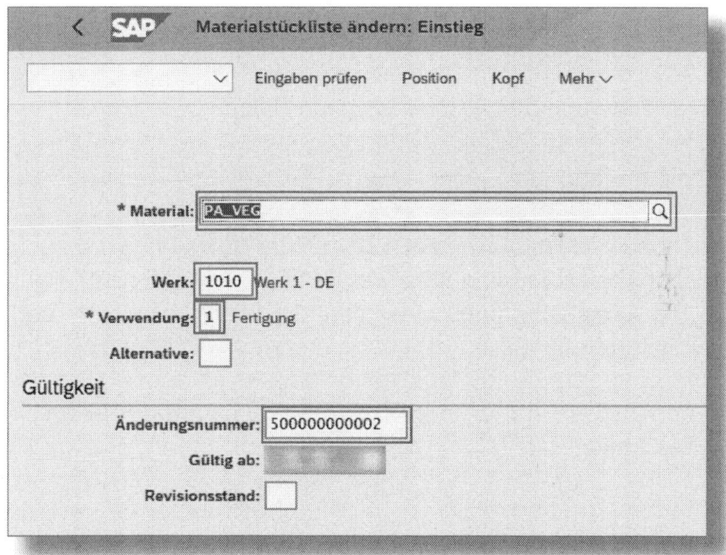

Abbildung 5.7: Änderung einer Stückliste mit Änderungsnummer

Das GÜLTIG AB-Datum wird aus der Änderungsnummer übernommen. Mit zweimal [↵] gelangen Sie zur Positionsübersicht. Markieren Sie die Position und klicken Sie auf den Button POSITION LÖSCHEN (siehe Abbildung 5.8).

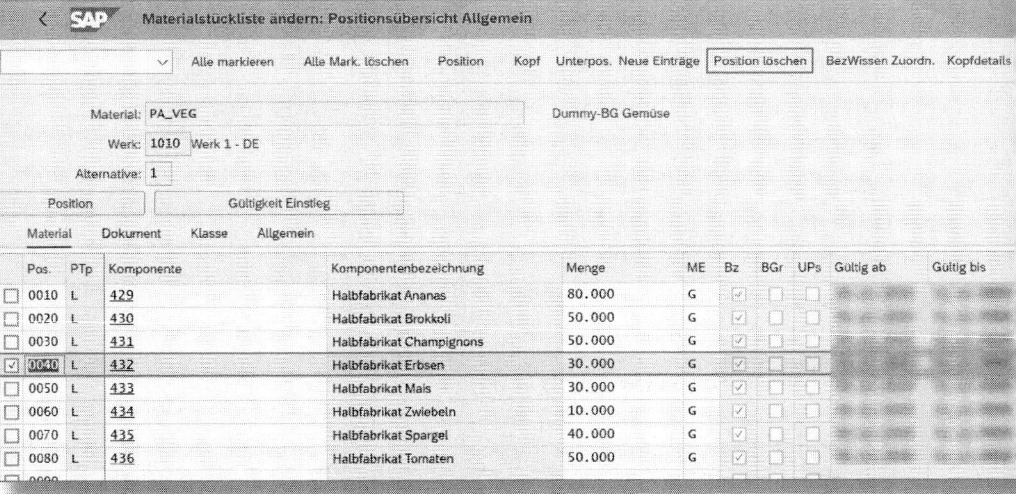

Abbildung 5.8: Änderung Stückliste – Löschen Halbfabrikat Erbsen

Sichern Sie die Änderungen.

Mit der Löschung des Halbfabrikats 432 aus der Stückliste wird auch die angehängte Auswahlbedingung SC_L_BOM_VEG_PEAS nicht mehr verwendet. Die Auswahlbedingung ist dennoch aktiv vorhanden und sollte aus Dokumentationsgründen gesperrt werden. Mit der App »Beziehung ändern« sperren wir die Auswahlbedingung ab dem GÜLTIG AB-Datum der Änderungsnummer, indem wir den Status auf *3 – Gesperrt* ändern (siehe Abbildung 5.9).

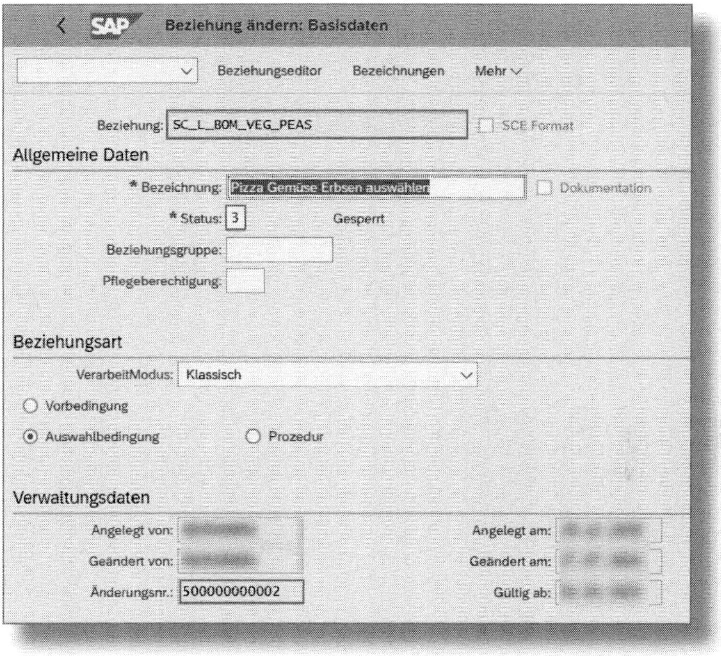

Abbildung 5.9: Sperren von Beziehungswissen mit Änderungsnummer

6 Auswertungen mit Embedded Analytics

Für konfigurierbare Artikel fällt eine Vielzahl von Daten (z. B. Merkmale und Merkmalwerte) pro Kundenauftragsposition an. Das stellt die Datenhaltung vor besondere Herausforderungen. Dazu kommt, dass Echtzeitauswertungen heutzutage selbstverständlich sind. Die HANA-Datenbanktechnologie trägt dieser Anforderung Rechnung und ermöglicht, dass große Datenmengen unmittelbar zur Verfügung gestellt werden können.

Für nicht konfigurierbare Artikel sind Auswertungen auf der Ebene der Materialnummer sinnvoll. Das könnten beispielsweise Umsatzerlöse, aufgeschlüsselt nach Verkaufsgebieten, sein. Hierfür gibt es im SAP-Standard vordefinierte Analysen etwa für Kundenauftragsdaten. Für ein konfigurierbares Material müssen neben dessen Materialnummer außerdem bestimmte, modellabhängige Merkmale herangezogen werden.

In S/4HANA wurde mit der neuen HANA-Datenbanktechnologie eine Möglichkeit geschaffen, Echtzeitauswertungen mittels der Komponente *Embedded Analytics* zu erstellen. Dabei steht im Zentrum der Modellierungsansatz mit Core-Data-Services-(CDS-)Views.

Nachfolgend möchten wir Ihnen zeigen, wie für das Variantenmodell »Pizza« exemplarisch eine Auswertung »merkmalbasiertes Auftragsvolumen« erstellt wird. Dieses soll Giovanni bei der Bedarfsanalyse von Rohzutaten helfen – z. B., welche Menge Teig er bisher verkauft hat und ob es sich lohnt, beim Lieferanten eine größere Menge zu einem günstigeren Preis zu bestellen. Dafür sind vier Aufgaben zu erfüllen:

Anlage der HANA-View-Generierungsklasse

Im ersten Schritt legen Sie fest, welche Merkmale Ihres Modells in die Auswertung einfließen sollen.

Rufen Sie dafür die App »Klassen verwalten« auf, legen Sie eine neue Klasse der Klassenart 399 an und bestimmen Sie, welche Merkmale und Merkmalbewertungen in die Auswertung einfließen sollen (siehe Abbildung 6.1).

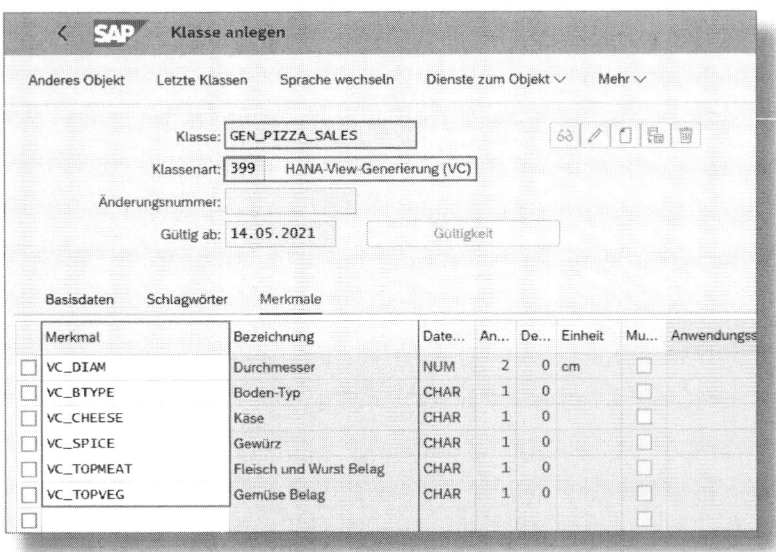

Abbildung 6.1: Anlage der Klasse für die HANA-View-Generierung

CDS-View anlegen

Mit der App »CDS-Views für Klassifizierung/Konfiguration generieren« werden CDS-Views angelegt. Rufen Sie die App auf und ergänzen Sie die Angaben im Einstiegsbildschirm (siehe Abbildung 6.2).

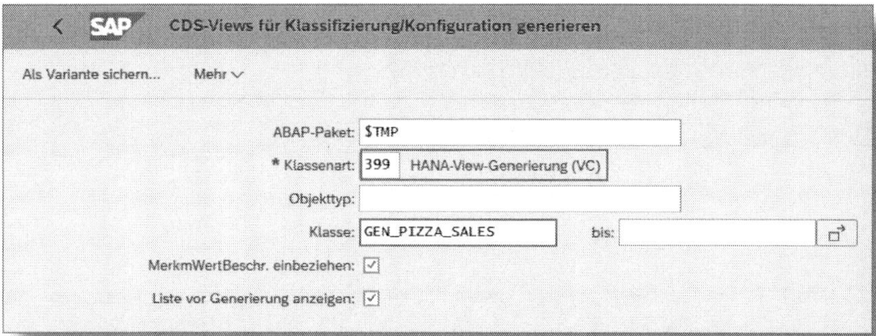

Abbildung 6.2: CDS-View generieren

Im Folgebildschirm markieren Sie die Zeile mit der oben angelegten Klasse »GEN_PIZZA_SALES« und wählen Ausführen (hier nicht dargestellt).

Anlage einer Cube-View

Nun werden die Daten der CDS-View mit den Informationen der Kundenauftragspositionen verknüpft. Natürlich sind weitere Verknüpfungen dieser Informationen mit anderen Datenquellen wie anderen CDS-Views oder Datenbanktabellen möglich, z. B. mit Kundenauftragskopfdaten. Klicken Sie dazu auf den Button Anlegen im Einstiegsbildschirm der App »Benutzerdefinierte CDS-View« (hier nicht dargestellt).

Vergeben Sie wie in Abbildung 6.3 einen Namen für die CDS-View ❶. Das Szenario ist Analytisch und in der Drop-down-Liste zum Feld Wie wählen Sie Cube ❷. Mit Hinzufügen ❸ • Primäre Datenquelle hinzufügen ergänzen Sie die Kundenauftragspositionen mit dem Cube I_SalesOrderItemCube; das Ergebnis sehen Sie unter Primäre Datenquellen ❹.

Wenn Sie bei Hinzufügen stattdessen Assoziierte Datenquelle hinzufügen ❸ wählen, wird die oben angelegte CDS-View mit den auszuwertenden Merkmalen ergänzt ❺. In der Spalte Alias ❻ haben Sie die Möglichkeit, den Datenquellen sprechende Namen zu geben. Das

Symbol zeigt Ihnen an, dass die beiden Views noch nicht miteinander verbunden sind (Join fehlt) ❼.

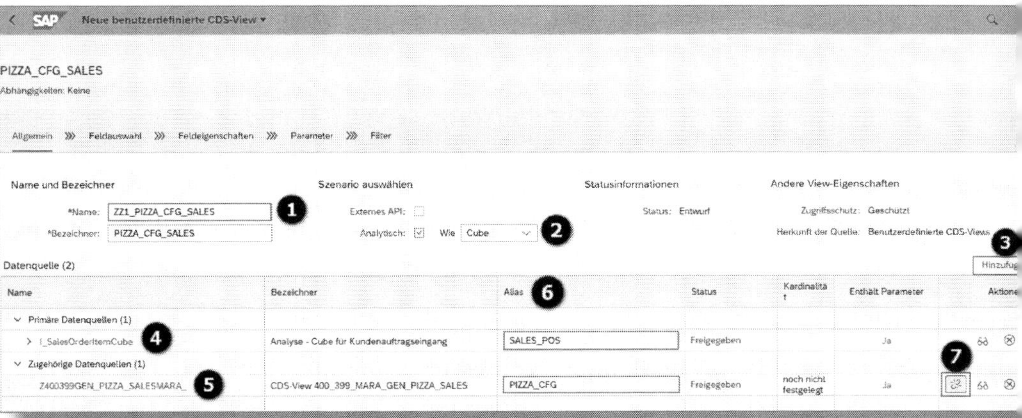

Abbildung 6.3: CDS-View – Kopfdaten

Mit Klick auf das Symbol gelangen Sie zur Definition der Join-Bedingungen. Die beiden Views werden über die technische Konfigurations-ID miteinander verbunden (siehe Abbildung 6.4).

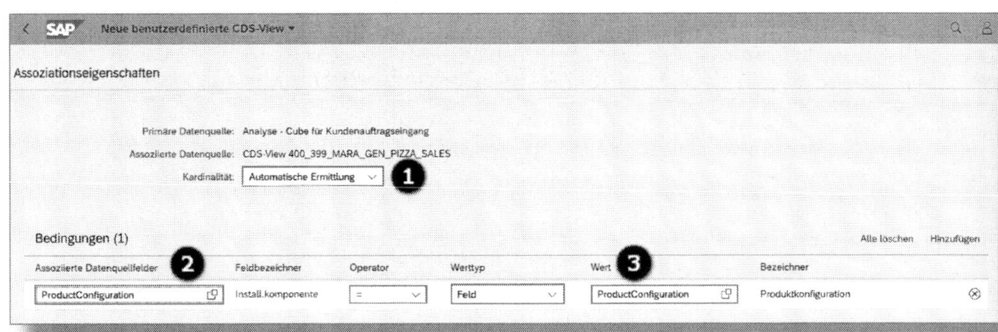

Abbildung 6.4: Join der CDS-Cubes

Die KARDINALITÄT kann automatisch ermittelt werden ❶. Geben Sie ganz links das Feld PRODUCTCONFIGURATION ❷ aus der assoziierten Datenquelle des Cubes »Konfigurationsdaten« (PIZZA_CFG) an. Das Feld der primären Datenquelle des Cubes »Kundenauftragspositionen« (SALES_POS) hat den gleichen Namen. Wählen Sie es in der Auswahlhilfe der Spalte WERT ❸ aus.

Im nächsten Schritt legen Sie unter FELDAUSWAHL die Ausgabefelder fest. Bauen Sie die Feldauswahlliste wie im rechten Bildschirmbereich von Abbildung 6.5 auf. Der linke Bildschirmbereich zeigt alle verfügbaren Felder. Mit der Suchfunktion selektieren Sie die Feldnamen und können diese mit einer Markierung in der Spalte AUSWÄHLEN der rechten Feldliste als ausgaberelevant hinzufügen.

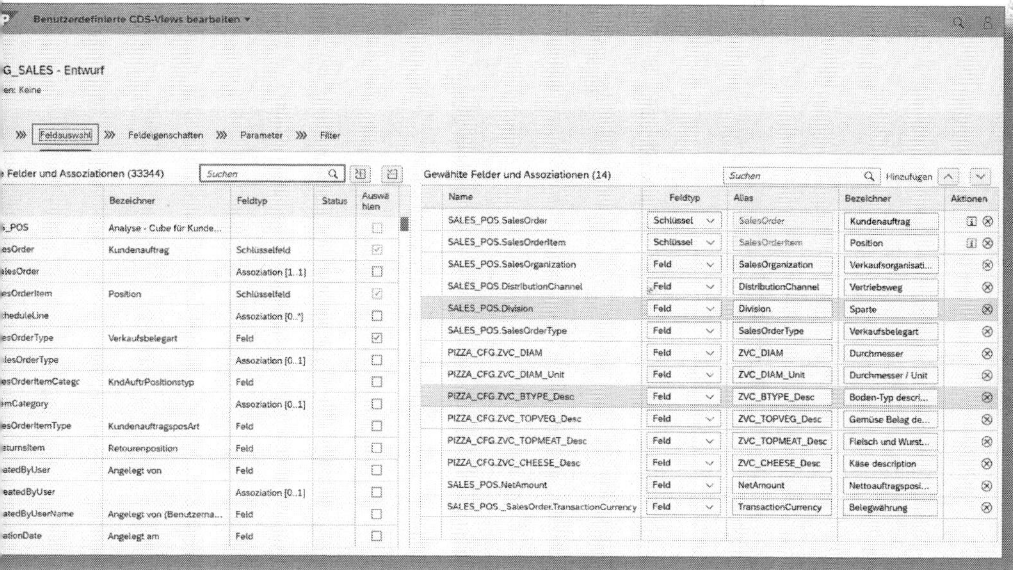

Abbildung 6.5: CDS-View – Feldauswahl

In den FELDEIGENSCHAFTEN legen Sie die Semantik und Aggregationen der Auswertung fest (siehe Abbildung 6.6).

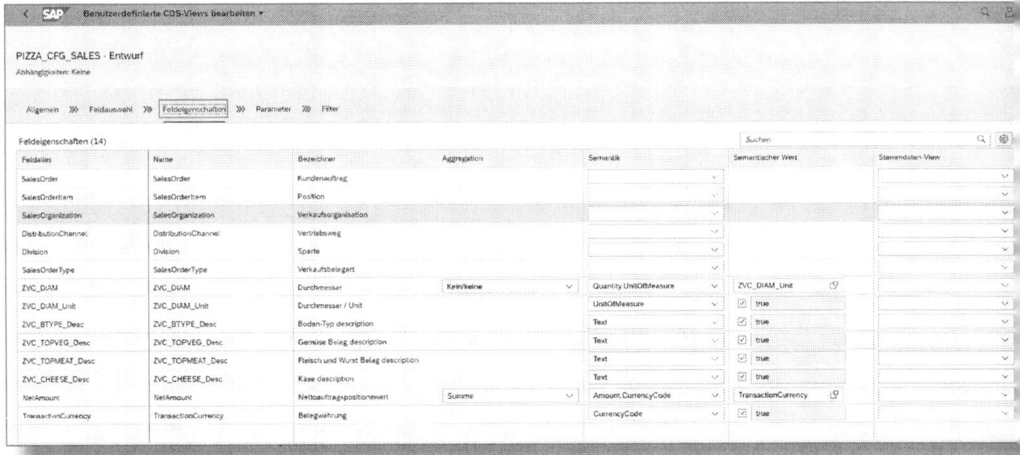

Abbildung 6.6: CDS-View – Feldeigenschaften

Die PARAMETER im folgenden Bildschirm werden automatisch durch die ausgewählten Cubes bestimmt (siehe Abbildung 6.7).

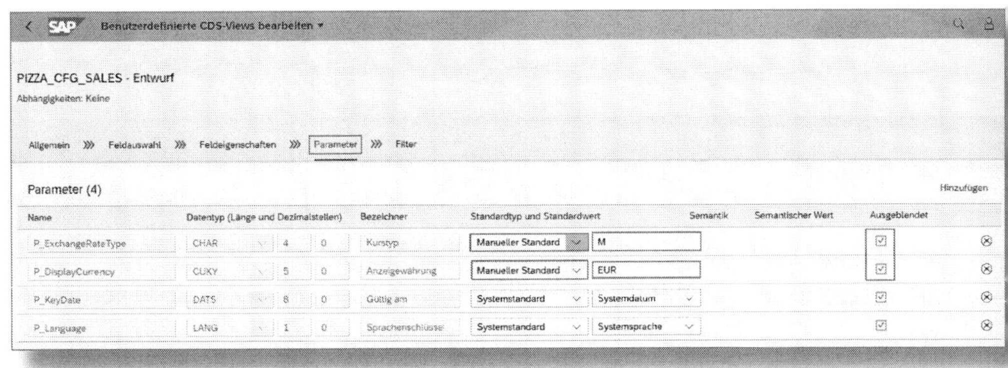

Abbildung 6.7: CDS-View – Parameter

In der Spalte STANDARDTYP UND STANDARDWERT lassen sich Vorgaben und Konstanten für z. B. die Währung definieren. Diese können ausgeblendet werden, sodass sie nicht vor dem Aufruf des Ergebnisses erscheinen.

In dieser CDS-View sollen nur konfigurierbare Positionen des Materials PIZZA ausgewertet werden. Dieses kann über eine FILTERFORMEL erreicht werden, die Sie in Abbildung 6.8 sehen.

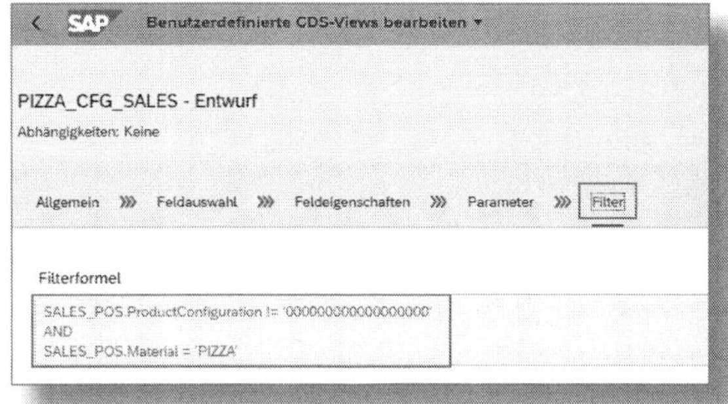

Abbildung 6.8: CDS-View Filter

Die erste Anweisung besagt, dass die technische ID der Konfiguration mit einem Wert gefüllt sein muss, die zweite Anweisung, dass es sich um das konfigurierbare Material PIZZA handeln muss.

Über den Vorschau-Button unten rechts (hier nicht im Bild) können Sie sich das Ergebnis anzeigen lassen.

Bisher haben Sie nur mit einem Entwurf gearbeitet. Diesen können Sie jederzeit löschen, wenn Sie feststellen, dass das Ergebnis falsch ist und die weitere Arbeit am Entwurf keinen Sinn ergeben würde. Sobald das Ergebnis richtig ist und Sie mit dem Layout zufrieden sind, geben Sie die CDS-View mit dem Button unten rechts frei.

Benutzerdefinierte analytische Abfragen

Für die Aufbereitung der Cube-Inhalte dient die App »Benutzerdefinierte analytische Abfragen«. Wählen Sie im Einstiegsbildschirm NEU und vergeben Sie dann einen NAMEN für die Abfrage sowie als DATENQUELLE die oben angelegte CDS-View. Im Feld BEZEICHNER vergeben Sie einen sprechenden Namen für Ihre Abfrage (siehe Abbildung 6.9).

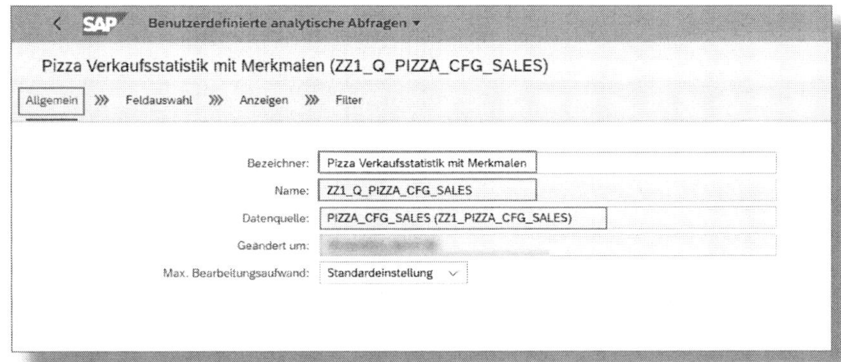

Abbildung 6.9: Analytische Abfrage – Allgemein

In der FELDAUSWAHL legen Sie die Ausgabefelder fest (siehe Abbildung 6.10).

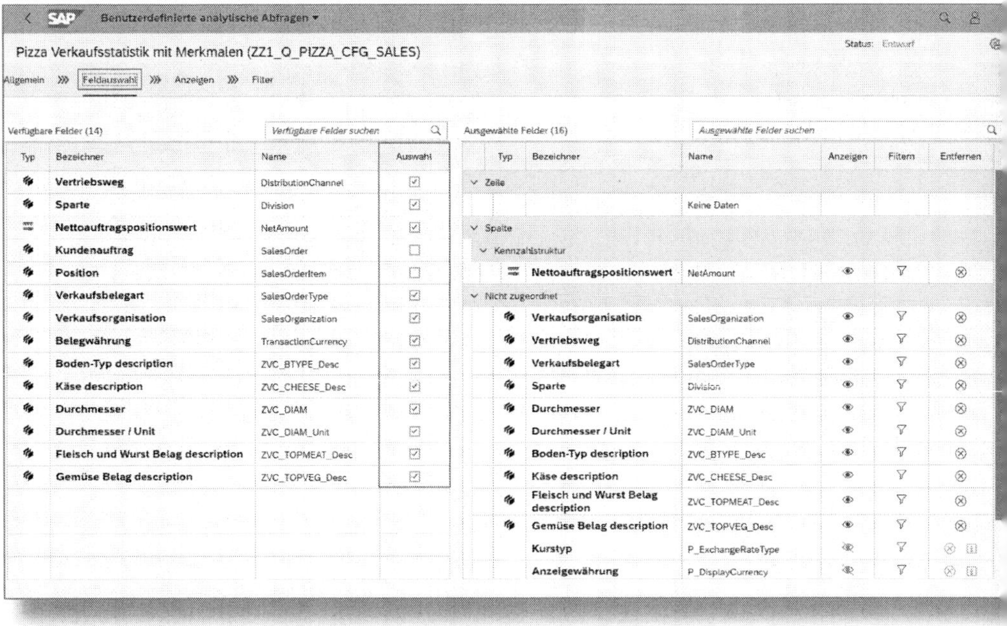

Abbildung 6.10: Analytische Abfrage – Feldauswahl

Im Bereich ANZEIGEN können Sie definieren, welche Informationen in Spalten und welche in Zeilen dargestellt werden sollen (siehe Abbildung 6.11). Nutzen Sie dazu die Schaltflächen NACH OBEN und NACH UNTEN oder alternativ das Feld ACHSE in der rechten Bildschirmhälfte. Dort können Sie außerdem zusätzliche Ausgabeeigenschaften für ein ausgewähltes Einzelfeld vorgeben, z. B. einen veränderten Spaltennamen im Feld BEZEICHNER ÜBERSTEUERN.

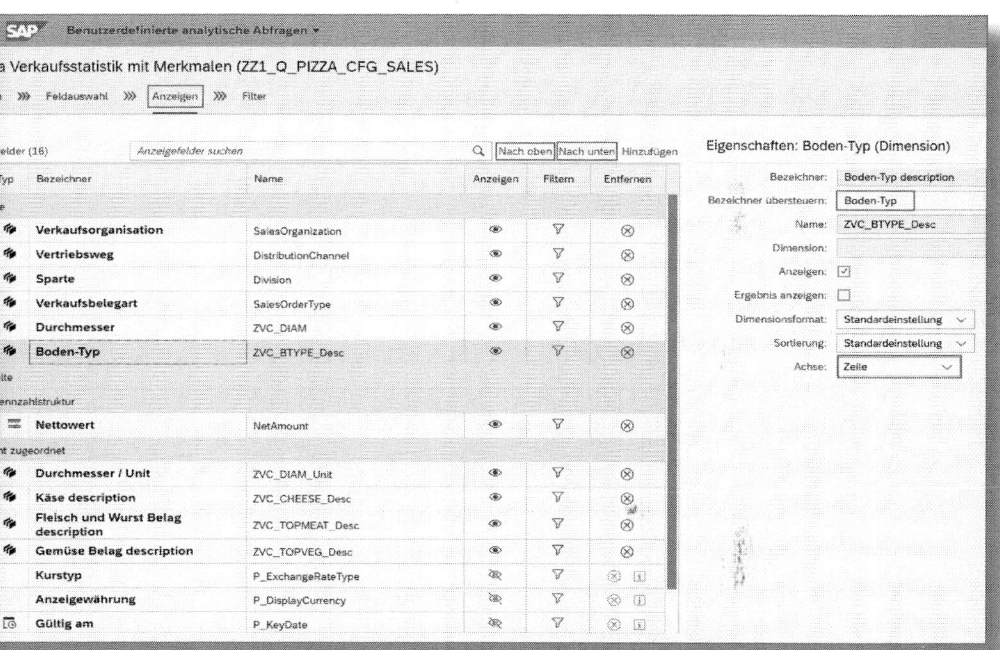

Abbildung 6.11: Analytische Abfragen – Anzeigeeinstellungen

Der in Abbildung 6.12 gezeigte Bereich FILTER bietet Ihnen unterschiedliche Möglichkeiten der Feldeingaben und der Festlegung von Filterkriterien. Wir haben dort für die Parameter die folgenden Festwerte hinterlegt: KURSTYP = M, ANZEIGEWÄHRUNG = EUR, GÜLTIG AM = [heute], SPRACHENSCHLÜSSEL = D.

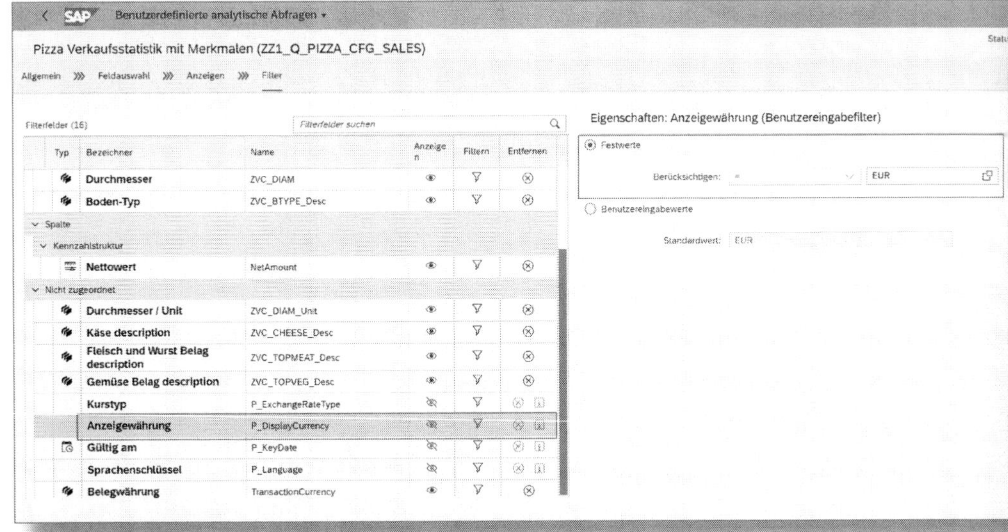

Abbildung 6.12: Analytische Abfragen – Filtereinstellungen

Mit dem Button VORSCHAU unten rechts wird Ihnen nun das Ergebnis dargestellt (siehe Abbildung 6.13).

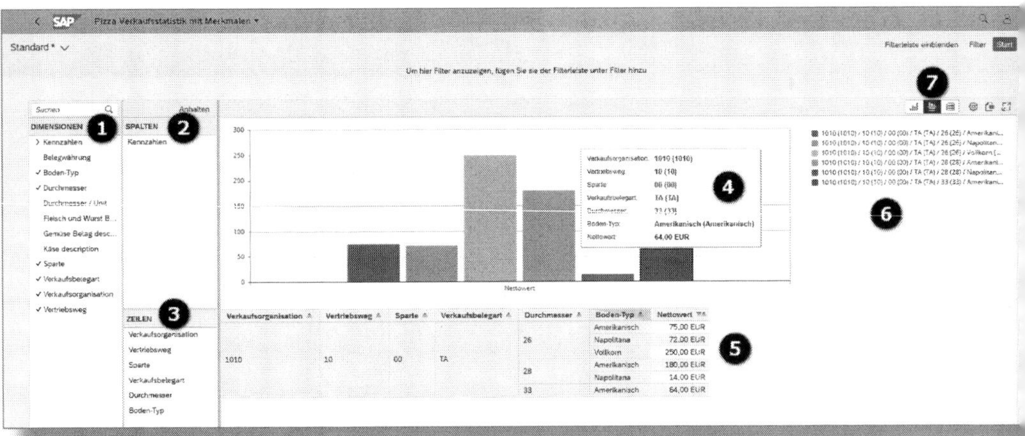

Abbildung 6.13: CDS-Query – Ergebnis

In der Spalte DIMENSIONEN ❶ werden alle zur Verfügung stehenden Felder aufgelistet. Diese können Sie per Drag-and-drop als SPALTEN ❷ oder ZEILEN ❸ hinzufügen. Wenn Sie mit dem Cursor auf einen der Balken navigieren, zeigt Ihnen das System die dahinter liegende Feldkombination an ❹. Alternativ sehen Sie die Merkmalskombination in der Legende ❻. Unterhalb des Balkendiagramms ❺ finden Sie das tabellarische Ergebnis der Abfrage. Mit den Icons oben rechts ❼ schalten Sie zwischen den Ansichten Diagramm und/oder Tabelle.

Die ausgewählten Felder und Einstellungen können Sie sich abspeichern. Wählen Sie dazu das Icon oben links ⌄ und dann SICHERN ALS. Legen Sie im Folgedialog einen sprechenden Namen fest und definieren Sie, ob es sich um die Standardansicht handelt und ob die Ansicht öffentlich, d. h. jedem User zugänglich sein soll.

7 Externe Konfiguration in Sales-Systemen

Idealerweise geschieht das Konfigurieren wie auch das Ermitteln individueller Preise anhand des S/4HANA-Backend-Modells und der vorhandenen Preisfindung im Sales. Doch nicht jeder Kunde, Vertriebsmitarbeiter oder Handelspartner hat einen Zugang zum S/4HANA-System. Diese User müssen ihre Tätigkeiten außerhalb von S/4HANA erledigen. Dies ermöglicht die SAP durch das Ausleiten der Modelle in Form von Wissensbasisobjekten. Für deren anschließenden Aufruf aus externen Systemen bietet sich »SAP Variant Configuration and Pricing« an. Wir stellen Ihnen das Konzept und die Architektur dieser Lösung vor.

7.1 SAP Variant Configuration and Pricing

Genau genommen handelt es sich bei diesem Produkt um zwei Services: »Variant Configuration« und »Pricing«. Sie werden zur Konfiguration und Preisfindung außerhalb des S/4HANA-Systems in die SAP Business Technology Platform implementiert. BTP ist eine cloudbasierte *Platform-as-a-Service-(PaaS-)*Lösung, mit der Geschäftsanwendungen neu erstellt oder erweitert werden können.

Das in Kapitel 3 erstellte Variantenkonfigurationsmodell ❶ unterstützt und steuert die Prozesse im Verkauf, in der Planung und Beschaffung, im Versand und der buchhalterischen Abrechnung bis hin zum Service Ihrer Produkte ❷ (siehe Abbildung 7.1).

Der *Variant Configuration Service* benötigt dieses Konfigurationsmodell in Form einer *Laufzeitversion einer Wissensbasis* ❸. Wie man aus einem Variantenkonfigurationsmodell eine Wissensbasis und eine Laufzeitversion erzeugt, werden wir Ihnen in Abschnitt 7.2 näherbringen. Der *Pricing Service* benötigt Konditionssätze, Preis-Customizing etc. aus der SAP-Sales-Preisfindung ❻.

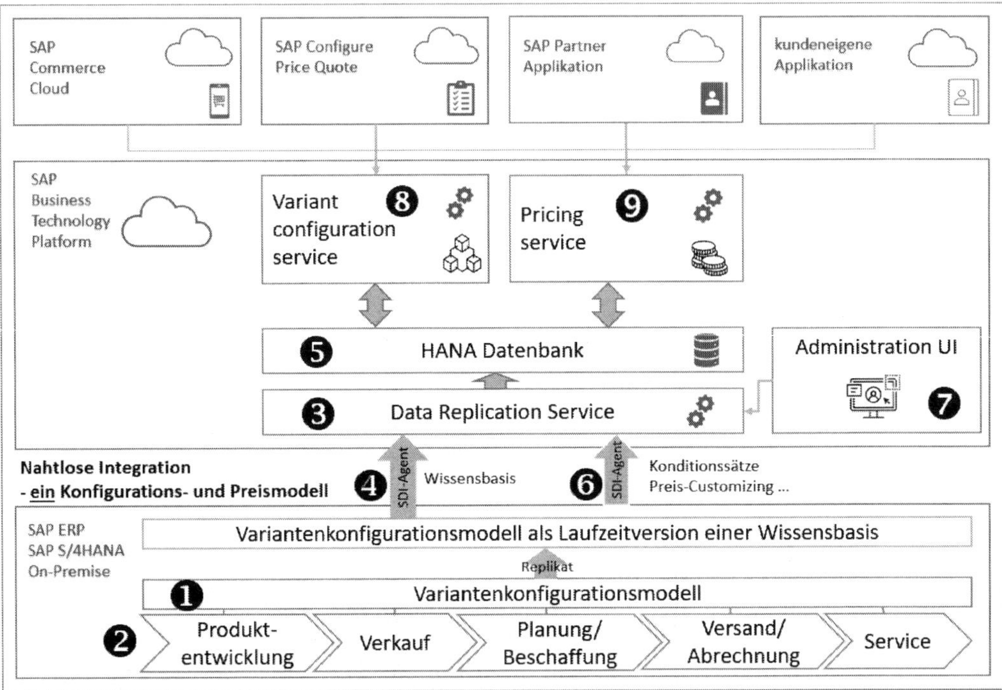

Abbildung 7.1: Variant Configuration and Pricing – Architektur

Der in der Architekturübersicht unter ❸ angegebene *Data Replication Service* verwaltet die Datenreplikation. Er verwendet den *Smart-Data-Integration-(SDI-)*Agenten ❹, um eine Push-Verbindung aufzubauen. Außerdem ermöglicht er die alternative Einrichtung einer Delta-Übertragung (nur Änderungen seit der letzten Übertragung) oder einer Initialübertragung (das komplette Modell wird repliziert). Der Service legt die Daten in einer HANA-Datenbank ❺ in der Business Technology Platform ab. Der VARIANT CONFIGURATION SERVICE ❽ und der PRICING SERVICE ❾ verarbeiten anschließend die in der der HANA-Datenbank ❺ abgelegten Daten.

Das ADMINISTRATION UI ❼ dient zur Überwachung der Datenreplikation. Zudem verwaltet es die Verbindung zum S/4HANA-Backendsystem. Weiterhin können darüber Einstellungen für das Aufrufen von kundeneigenen Routinen sowie Analysen der Engine vorgenommen werden.

Auf diese Weise können externe Systeme wie z. B. SAP Commerce Cloud oder SAP CPQ den VARIANT CONFIGURATION SERVICE ❽ und den PRICING SERVICE ❾ zur Laufzeit konsumieren und damit eine konsistente sowie individuell bepreiste Sales-Konfiguration sicherstellen.

Das Prinzip, mit einer zentralen Datenbasis aus dem S/4HANA-Backendsystem heraus in anderen Systemen zu konfigurieren, wird auch *Model once, configure anywhere (MOCA)* genannt.

Die wesentlichen Vorteile dieses Prinzips sind:

- Eine »Single Source of Truth« für das Konfigurationswissen
- Investitionssicherheit, da ausschließlich mit SAP-Standardfunktionalitäten modelliert wird
- Standardübertragungswege und -schnittstellen der SAP führen zu einer kürzeren Implementierungsdauer.
- Vollständige Integration in die Produktpalette von SAP Business Technology
- Hohe Prozesssicherheit und -integration
  Die Übertragung der Konfigurationsergebnisse von Sales-Konfiguratoren in die S/4-Backendsysteme geschieht reibungslos, da in beiden Systemen mit **einer** Wissensbasis und **einer** Semantik gearbeitet werden kann.

Insbesondere für komplexe Produkte wird häufig neben der Bewertung von Merkmalen eine zusätzliche 3D-Visualisierung gefordert. Das kann über SAPUI5- bzw. SAP-Fiori-Webanwendungen realisiert werden.

Den zentralen Einstiegspunkt für weitere Informationen zum CPS zeigt Ihnen Abbildung 7.2.

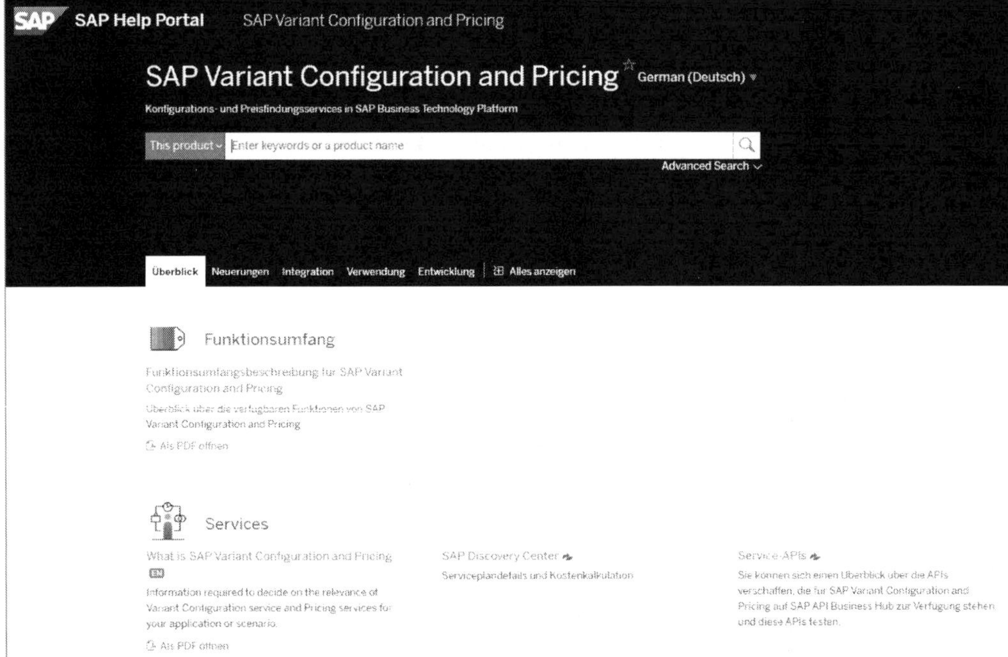

Abbildung 7.2: SAP CPS – Help Portal

Weitere Informationen erhalten Sie im *SAP Discovery Center* (siehe Abbildung 7.3).

Für die Systemvoraussetzungen lesen Sie bitte den SAP-Hinweis 2711932.

Die benötigten Stammdaten, wie das Konfigurationsmodell in Form der Wissensbasis, Konditionssätze und Preisfindungseinstellungen, werden in die SAP Business Technology Platform repliziert. Die zu den API-Services notwendigen Informationen für Entwickler stellt die SAP auf dem *SAP API Business Hub* zur Verfügung (siehe Abbildung 7.4).

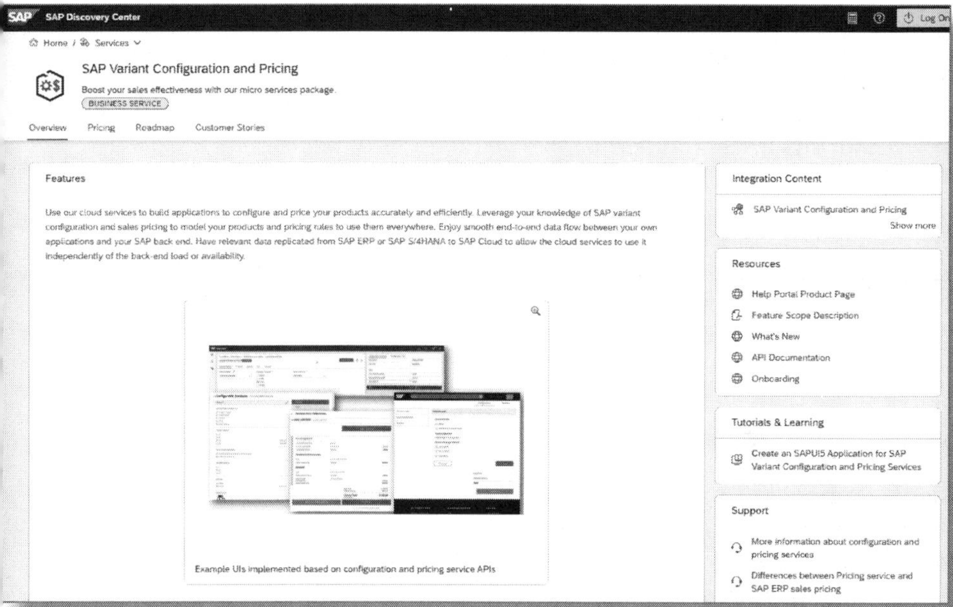

Abbildung 7.3: SAP CPS – Discovery Center

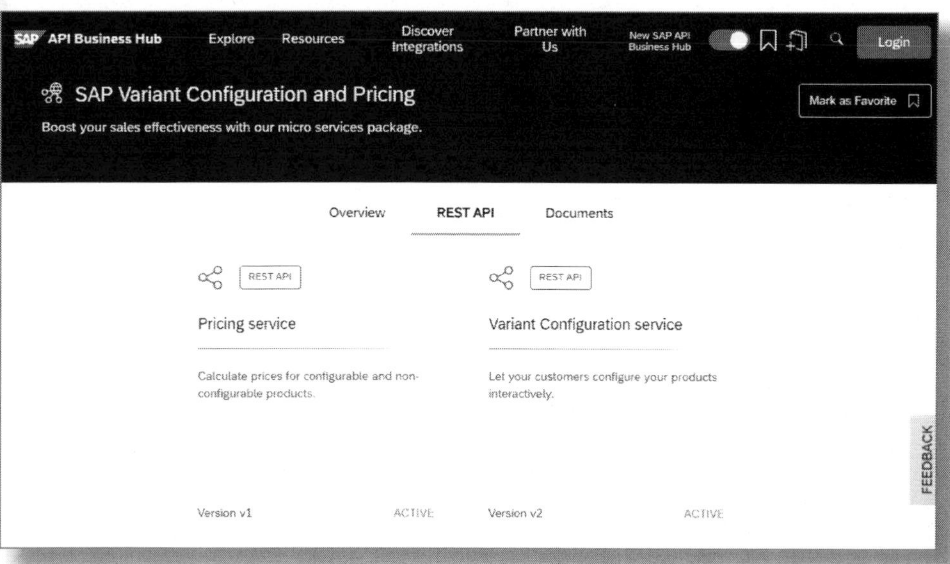

Abbildung 7.4: SAP CPS – API Business Hub

Hier können die Services mit Beispieldaten gegen eine Sandbox getestet und das Konfigurationsmodell sowie die Preisfindung aus S/4HANA externen Aufrufern zugänglich gemacht werden. Externe Aufrufer können SAP-Applikationen wie SAP CPQ (**C**onfigure, **P**rice, **Q**uote) und SAP Commerce Cloud, aber auch kundeneigene oder SAP-Partnerapplikationen sein (siehe Abbildung 7.1).

7.2 Generierung einer Wissensbasis

Um eine Konfiguration auch in Commerce- oder CPQ-Szenarien aufzurufen, werden deren Objekte in eine sogenannte *Wissensbasis* oder *Knowlede Base* (*KB*) exportiert.

Im Weiteren befassen wir uns mit der *klassischen* Wissensbasisgenerierung, die im vorliegenden Release Standard ist. Falls Sie sich auch mit der erweiterten Form beschäftigen möchten, lesen Sie bitte SAP-Hinweis 3022814. Ab Release S/4HANA On-Premise 2021 wird die erweiterte Wissensbasisgenerierung ausdrücklich von der SAP empfohlen.

Folgende Objekte werden exportiert:

- Konfigurierbare Materialien
- Konfigurationsprofile
- Klassen
- Merkmale und Werte
- Beziehungswissen
- Variantentabellen
- Stücklisten und Stücklistenkomponenten
- Oberflächendesigns

Um in S/4HANA ein Produktmodell in ein Wissensbasisobjekt und eine Laufzeitversion überführen zu können, muss es bestimmten Anforderungen genügen. Diese Bedingungen sollten schon während der

Modellierung berücksichtigt und in der Produktmodellierungsumgebung geprüft werden (siehe Abschnitt 3.3.2).

IPC-Deltaliste

Wenn Sie z. B. in einem früheren SAP-CRM-System eine Wissensbasis aus einem ECC/ERP-Backendsystem generieren wollten, wurden die Modellierungseinschränkungen in der *IPC-Deltaliste* beschrieben (siehe dazu den SAP-Hinweis 1819859). Die dort hinterlegten Modellierungsrichtlinien gelten zum großen Teil auch für die Generierung einer Wissensbasis im AVC. Die AVC bietet jedoch über die IPC-Deltaliste hinaus noch weiter reichende Funktionen – insbesondere in den Bereichen Syntax und Variantentabellen.

7.2.1 Wissensbasisobjekt

Externe Systeme und damit externe Benutzer können und sollen nicht auf Konfigurationsmodelle Ihres S/4HANA-Backendsystems zugreifen. Mit einem Wissensbasisobjekt können Sie die im Backend modellierten Konfigurationsmodelle und deren Objekte wie z. B. Merkmale und Beziehungswissen zusammenfassen und, wie in Abbildung 7.1 gezeigt, über Laufzeitversionen den externen Aufrufern zur Verfügung stellen.

Ein Wissensbasisobjekt besteht aus einem oder mehreren Wissensbasisprofilen und beliebig vielen Laufzeitversionen. Wissensbasisprofile erlauben es Ihnen, mehrere Produkte in ein Wissensbasisobjekt aufzunehmen. Diese Produkte müssen nicht zwingend Bestandteile einer mehrstufigen Konfiguration sein. Es kann auch sinnvoll sein, mehrere unabhängig voneinander konfigurierbare Produkte in eine Wissensbasis aufzunehmen, die sich z. B. eine Klasse teilen. Die gemeinsam genutzten Objekte werden dann nur einmal in einer Wissensbasis generiert.

7.2.2 Laufzeitversionen

Eine Laufzeitversion ist das Abbild der Modellstammdaten zu einem bestimmten Gültigkeitsdatum. Darüber hinaus enthält sie den Kontext wie das Werk, die Stücklistenanwendung und die verwendeten Sprachen. Jede neue Laufzeitversion erzeugt neue Einträge in der Datenbank. Eine Modelländerung mit anschließender Neugenerierung überschreibt die vorhandenen Einträge, und es wird ein neues *Build* erzeugt (siehe Abbildung 7.7 unter VERWALTUNGSDATEN).

Das Abbild bedeutet, dass nach jeder Änderung des Backend-Modells eine neue Laufzeitversion generiert und publiziert werden muss.

Für die Verwaltung der unterschiedlichen Änderungsstände empfehlen wir eine gut durchdachte Namensgebung.

Best Practices für Namenskonvention

Für das Wissensbasisobjekt kann die Produktfamilie und für die Wissensbasisprofile die Materialnummer des konfigurierbaren Materials hilfreich sein.

Im Namen einer Laufzeitversion sollten zwingend das Gültig-ab-Datum und das Werk enthalten sein. Optional können auch die Stücklistenanwendung, die Sprache(n) und das Konfigurationsprofil Verwendung finden. Wenn Produktreleases über eine Änderungsnummer einfließen, kann diese Änderungsnummer ebenfalls Bestandteil des Versionsnamen sein.

Starten wir nun die praktische Umsetzung und erstellen uns im ersten Schritt ein Wissensbasisobjekt zu unserem Pizzeria-Beispiel. Rufen Sie dazu die App »VC Modellierungsumgebung« mit dem konfigurierbaren Material PIZZA auf. Öffnen Sie das Kontextmenü auf dem Materialstammknoten und wählen Sie den Menüpunkt WB OBJEKTE ANLEGEN ODER ZUORDNEN aus. Bestätigen Sie die im Folgebild ergänzten Einträge (siehe Abbildung 7.5).

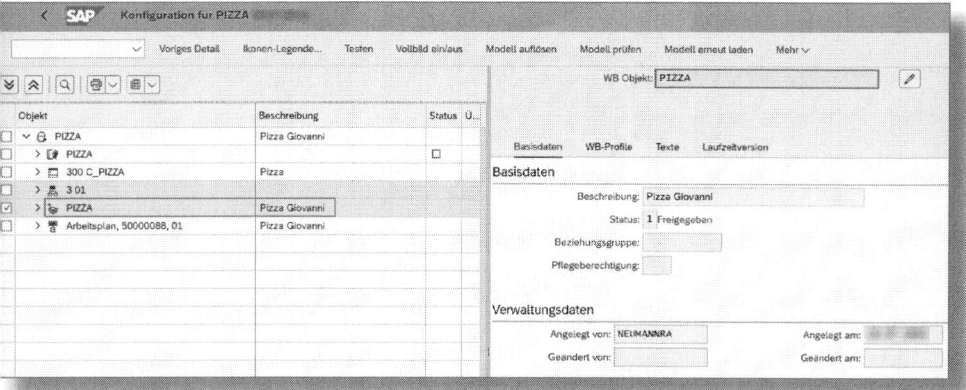

Abbildung 7.5: Generierung eines Wissensbasisobjekts

Im zweiten Schritt generieren wir eine Laufzeitversion. Im Pizza-Beispiel gibt es für das Wissensbasisobjekt ein Wissensbasisprofil, das Sie mit Aufruf des Reiters WB-PROFILE sehen. Klicken Sie anschließend auf den Reiter LAUFZEITVERSION und dann rechts auf den Button . Geben Sie in der ersten Zeile der Spalte WB-LAUFZEITVERSION einen sinnvollen Namen ein (siehe Abbildung 7.6).

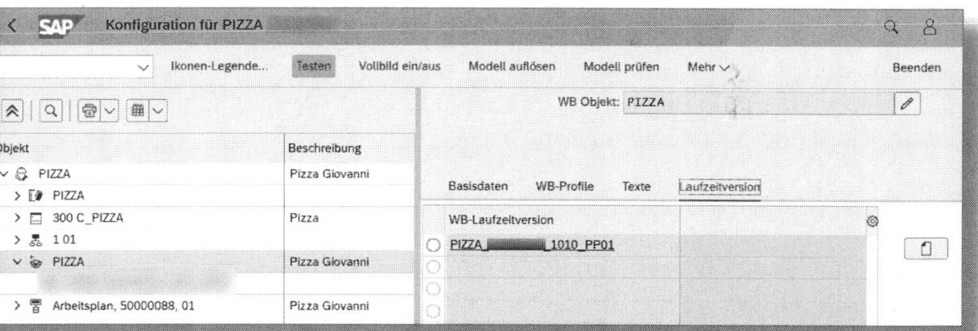

Abbildung 7.6: Anlegen einer Laufzeitversion

Unterhalb des Wissensbasisobjekts erscheint ein neues Laufzeitobjekt. Legen Sie hierfür den STATUS, das WERK und die STÜCKLISTENANWENDUNG fest. Mit dem Button prüfen Sie zunächst die Laufzeitversion (siehe Abbildung 7.7).

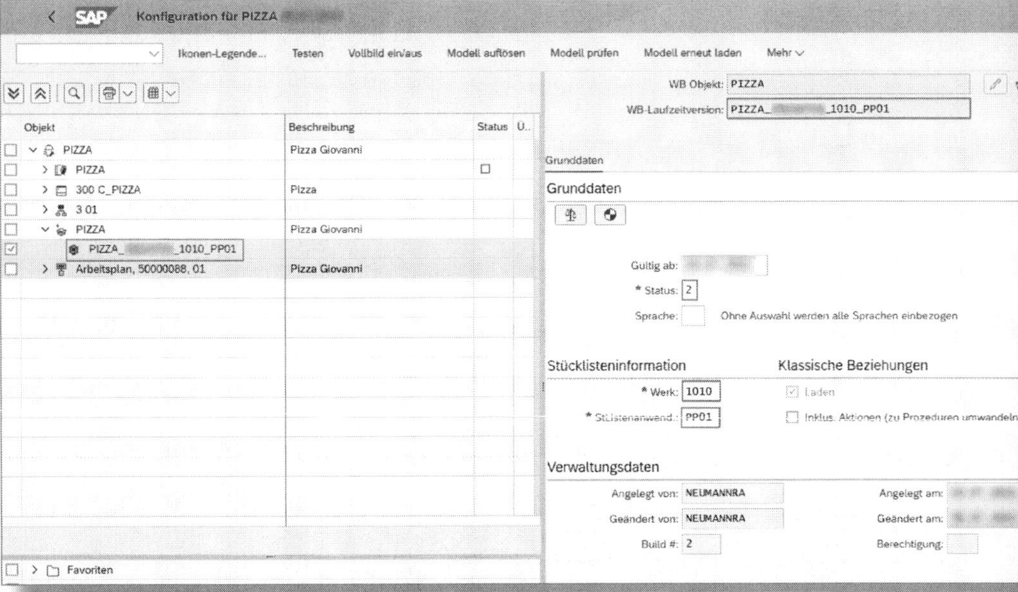

Abbildung 7.7: Generieren einer Laufzeitversion

Um eine Laufzeitversion zu generieren, dürfen keine roten Ampelmeldungen vorkommen. Meldungen mit gelber Ampel lassen eine Generierung zu, die Meldungen sollten jedoch untersucht werden, da in diesen Fällen der Sales-Konfigurator anders als der AVC-Konfigurator reagiert (siehe Abbildung 7.8).

Generieren Sie die Laufzeitversion anschließend mit dem Button in Abbildung 7.7 und geben Sie sie mit dem STATUS = *1* frei.

Weiterführende Informationen und Best Practices zu Wissensbasisobjekten und Laufzeitversionen erhalten Sie im SAP-Hinweis 3053990.

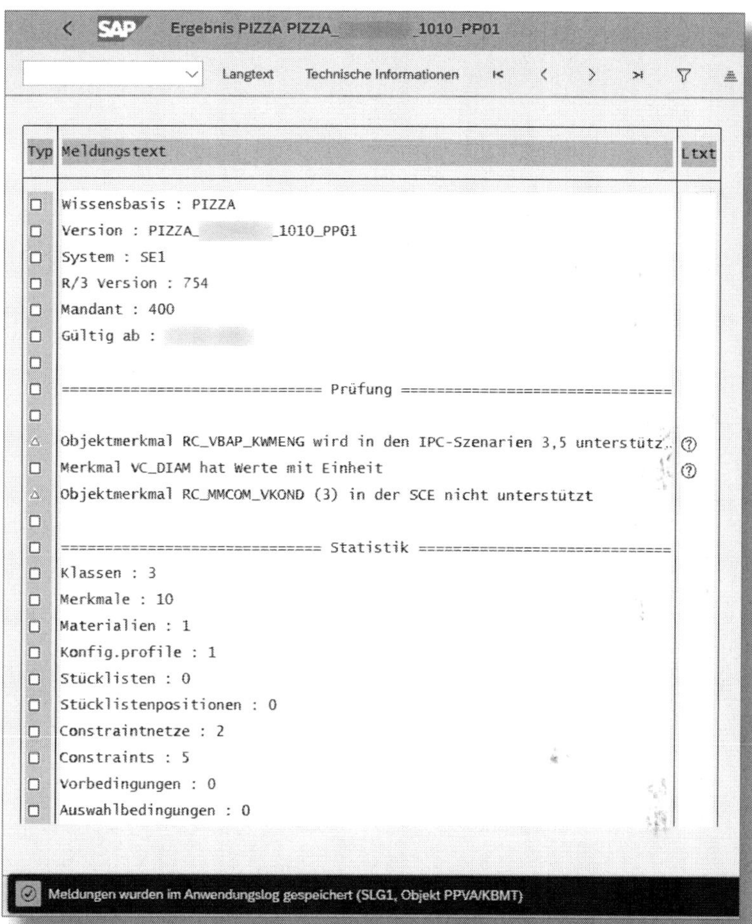

Abbildung 7.8: Beispielprotokoll, Prüfung einer Laufzeitversion

8 Tipps und Tricks

Es bestehen einige Grundregeln, die Sie bei der Modellierung beachten sollten. Die wichtigsten, von denen Ihnen einige bereits in vorangegangenen Kapiteln begegnet sind, möchten wir Ihnen abschließend zusammenfassen.

Grundsätzlich sollte ein Konfigurationsmodell folgende Eigenschaften aufweisen:

- Einfach erweiterbar für neue Produktvarianten und -funktionen
- Objektorientiert und damit constraintbasiert
- Übersichtlich strukturiert
- In übergeordnete Wissensbasis integrierbar
- In andere Anwendungen, wie z. B. SAP CPQ, integrierbar

Generelle Modellierungsempfehlungen

- Sinnvolle Namensgebung verwenden
- Wenn möglich, Constraints im High-Level-Beziehungswissen einsetzen
- Constraints statt Vorbedingungen nutzen
- Nur globales Beziehungswissen verwenden
- So weit wie möglich in Beziehungswissen mit Variantentabellen arbeiten
- Möglichst das gesamte High-Level-Beziehungswissen am Konfigurationsprofil platzieren und damit, wenn möglich, auf Beziehungswissen an Merkmalen (Ausnahme Auswahlbedingungen und Vorbedingungen) und Merkmalwerten verzichten
- Keine klassenspezifischen Überschreibungen verwenden
- Keine Prozeduren nutzen, die Ergebnisse anderer Prozeduren überschreiben

- Format (Länge) von Merkmalen so klein wie nötig definieren
- Nicht das Feld »Eingabe erforderlich« nutzen, da eine bedingungslose Musseingabe statisch ist; Musseingaben über Constraints oder über Auswahlbedingungen am Merkmal modellieren
- Im Low-Level nur stabile Beziehungen nutzen. Prozeduren, die bei der Abarbeitung des Low-Level-Codes abbrechen, können problematisch sein, da eine Kontrolle innerhalb z. B. eines MRP-Laufs nicht ohne Weiteres möglich ist. Im Idealfall Logik am Konfigurationsprofil implementieren und nur berechnete Ergebnisse in den Low-Level-Code übertragen.
- Im Low-Level-Beziehungswissen Einschränkungen hinsichtlich MRP Live berücksichtigen (siehe SAP-Hinweis 2639505)

! Best Practices nutzen

Nicht alles, was in der Modellierung möglich ist, ist auch sinnvoll!

Variantenkonfigurationsmodellierung ist ein Expertenthema

Auch ein unerfahrener Benutzer kommt schnell zu einem funktionierenden Konfigurationsmodell. Binden Sie dennoch erfahrene Berater ein. Erst der langfristige Betrieb zeigt die Qualität und die Erweiterbarkeit des Modells.

Neueste Entwicklungen berücksichtigen

Die SAP Variantenkonfiguration wird fortlaufend weiterentwickelt. Berücksichtigen Sie immer die neuesten Entwicklungen und Versionsstände und halten Sie Ihr Wissen, z. B. durch die Teilnahme an der Configuration Workgroup (CWG) (siehe Abschnitt 9.2) aktuell.

Namensgebung für Konfigurationsobjekte

In Tabelle 8.1 finden Sie Beispiele und Vorschläge für die Namensgebung Ihrer Konfigurationsobjekte. So sollten Sie für den beschreibenden Teil [NAME] immer englische Bezeichnungen benutzen. Bitte beachten Sie, dass die Namensgebung stets unternehmensindividuell konzipiert und mit allen Beteiligten abgestimmt werden muss. Die durchgängige Namensgebung für alle Modelle ist sehr wichtig für die Transparenz, Lesbarkeit und Nachvollziehbarkeit Ihrer Modelle.

Prüftool in der PMEVC

Bis zu einem gewissen Grad können Sie die Einhaltung der Namenskonventionen mittels der Prüfoption »kundenspezifische Prüfungen« in der Produktmodellierungsumgebung kontrollieren.

Objekt	Empfehlung	Beispiel
Konfigurierbarer Materialstamm	Numerisch	1234567
Klasse Klassenart 300 Konfigurations-bewertung Produkt	Merkmale, die bei der Konfiguration des spezifischen Produkts bewertet werden (Es kann sinnvoll sein, nach Vertriebs- und Produktionsmerkmalen zu differenzieren)	C_[NAME]
Klasse Klassenart 300 Hierarchie	Merkmale, die für eine übergeordnete und in mehreren Produktbereichen vorkommende Hierarchie verwendet werden	H_[NAME]
Klasse Klassenart 300 Logik-Module	Module, die Wiederverwendung in unterschiedlichen Modellen finden und für sich eine abschließbare Einheit bilden.	L_[NAME]
Klasse Klassensuche Klassenart 300 oder 200	Klassen, die zur Suche von Materialien in einer Klassenposition der Maximalstückliste verwendet werden.	S_[NAME]

Objekt	Empfehlung	Beispiel
Konfigurations-merkmale in Klassenart 300	Sollten sich innerhalb der vorhandenen Namensgebung aus anderen Klassenarten (z. B. Klassenart 001) eingliedern. Evtl. ist es sinnvoll, Merkmale in der Klassenart 300 mit einem Präfix VC_[NAME] zu versehen.	VC_[NAME]
Objektmerkmale in Klassenart 300	Hier hat sich ein entsprechendes Präfix als Kennzeichnung für ein Objektmerkmal, gefolgt von dem im Merkmal verwendeten Tabellenfeld, als sinnvoll erwiesen.	RC_[TAB-NAME]_ [TABFIELD]
Konfigurations-profil	Da das Konfigurationsprofil immer materialabhängig ist, sollte die Materialnummer genutzt werden. Wenn es mehrere Profile gibt, kann dieser Unterschied im zweiten Teil angegeben werden.	[MATNR]_ [NAME]
Variantentabellen	Hier gilt das Gleiche wie für die Konfigurationsmerkmale. Für negative Variantentabellen empfiehlt sich ein _N_ im Namen.	VC_[N]_ [NAME]
Prozeduren	Präfix, gefolgt von Verwendung in High-Level- oder Low-Level-Modell.	PR_[L|H]_ [NAME]
Auswahl-bedin-gungen	Präfix, gefolgt von Verwendung in High-Level- oder Low-Level-Modell. Eine weitere Differenzierung nach Art des zugeordneten Objekts (z. B. Stückliste, Arbeitsplan, Merkmal) kann sinnvoll sein.	SC_[L|H]_ [NAME]
Vorbedingungen	Präfix	PC_[NAME]
Constraint-Netz	Präfix	CN_[NAME]

Objekt	Empfehlung	Beispiel
Constraint	Präfix und Funktionsweise des Constraint: CHK – Prüfung der Konsistenz CLC – Berechnung GET – Werte aus Variantentabelle SET – Wertsetzung	CO_ [CHK|CLC| GET|SET]_ NAME

Tabelle 8.1: Beispiele von Namenskonventionen für Konfigurationsobjekte

9 Weiterführende Informationen

9.1 SAP-Hilfe

SAP-Produktassistenz

Wenn Sie zu einer App Hilfe benötigen, wählen Sie im Fiori Launchpad MEHR • HILFE • PRODUKTASSISTENZ, und Sie gelangen zur kontextbezogenen Hilfe.

Wenn Sie Informationen zu einem bestimmten Feldinhalt benötigen, drücken Sie im konkreten Feld die [F1]-Taste.

SAP Help Portal

Die komplette Online-Hilfe zur Variantenkonfiguration finden Sie im SAP Help Portal (*https://help.sap.com/*) unter PLM (PRODUCT LIFECYCLE MANAGEMENT • ERWEITERTE VARIANTENKONFIGURATION).

SAP ONE Support Launchpad

Im SAP ONE Support Launchpad (*https://launchpad.support.sap.com/*), für das Sie einen kostenpflichtigen Benutzer (S-User) benötigen, finden Sie eine Vielzahl von hilfreichen Hinweisen, die die hier kurz vorgestellten Themen vertiefen. Die für die Variantenkonfiguration relevanten Komponenten lauten LO-VC für die Variantenkonfiguration in SAP ERP und LO-VCH für die erweiterte Variantenkonfiguration in SAP S/4HANA.

9.2 Configuration Workgroup (CWG)

Die Configuration Workgroup (CWG) ist eine unabhängige und international tätige Benutzergruppe von Anwendern der SAP-Variantenkonfiguration. Mitglied können alle Personen und Unternehmen werden, die mit SAP-Variantenkonfiguration in Berührung kommen. Die Mitgliedschaft ist kostenlos.

Die CWG veranstaltet jedes Jahr im Frühjahr und Herbst eine Konferenz in Europa und Nordamerika. Hier treffen sich Entwickler und Berater der SAP, Anwendungsunternehmen, Beratungsunternehmen etc. Während dieser dreitägigen Konferenz stellt die SAP Neuentwicklungen vor und Anwender- sowie Beratungsunternehmen präsentieren ihre Lösungsansätze. Es ist der ideale Ort, direkt über Problemstellungen und Neuentwicklungen mit den Entwicklern der SAP zu sprechen und somit Einfluss auf die strategische Entwicklung der Variantenkonfiguration zu nehmen. Des Weiteren kann ein Dialog mit Anwenderunternehmen sehr aufschlussreich sein.

Unserer Erfahrung nach lohnt sich die Teilnahme – die Konferenzen sind immer von Freundlichkeit und Offenheit geprägt. Freizeit- und Abendveranstaltungen laden zum »Netzwerken« ein.

Im CWG-Portal, unter dem Sie auch die Mitgliedschaft beantragen können, finden Sie die Präsentationen der vergangenen Konferenzen und ein Forum, in dem aktuelle Problemstellungen mit Experten diskutiert werden: *https://www.configuration-workgroup.com*.

9.3 SAP AVC Improvement List

Die AVC Improvement List beschreibt die Unterschiede im Verhalten zwischen dem klassischen Variantenkonfigurator (LO-VC) und dem erweiterten Variantenkonfigurator (AVC). Neue, im jeweiligen Release enthaltene Funktionalitäten werden detailliert beschrieben.

SAP-Hinweise für Releases:

- S/4HANA On-Premise 2021 – 3073312
- S/4HANA On-Premise 2020 – 2939982
- S/4HANA On-Premise 1909 – 2876227

9.4 SAP Road Map Explorer

Wenn Sie sich über den Stand der Produktentwicklung im Bereich Variantenkonfiguration informieren möchten, empfehlen wir den *SAP Road Map Explorer* unter *https://roadmaps.sap.com/welcome* (S-User erforderlich).

Suchen Sie nach »variant configuration«.

10 Fazit

Wir hoffen, dass wir Ihnen mit diesem Buch einen guten Einblick in den Funktionsumfang der Variantenkonfiguration und deren Einsatzmöglichkeiten in Ihrem Unternehmen verschaffen konnten.

Viele weitere interessante Themen in diesem Umfeld fanden keinen Platz und wären Stoff für ein neues Buch. Darüber hinaus arbeitet die SAP an folgenden Innovationen:

- Neue Syntaxelemente
- Entkopplung zwischen Vertriebs- und Produktionskonfiguration
- Machine Learning für die Vertriebskonfiguration
- Konfigurierbare Lösungspakete
  (Bundles mit physischen Produkten, Services, Abonnements)
- Engineer-to-Order-Szenarien
- Erweiterte Planungsszenarien (Advanced ATP)
- ...

Sie sehen, es bleibt spannend, und wir würden uns freuen, wenn wir bei einer Pizza und einem Chianti diese Themen mit Ihnen vertiefend diskutieren können.

Sie haben das Buch gelesen und sind mit unserem Werk zufrieden? Bitte schreiben Sie uns eine Rezension!

A Über die Autoren

Rainer Neumann ist seit 24 Jahren im SAP-Umfeld als Berater und Solution-Architekt tätig. Er befasst sich schwerpunktmäßig mit der Analyse von Produkten und Prozessen, der Abbildung von Produkten mittels Variantenkonfigurationsmodellierung und mit der Integration der Modelle in bestehende Systemlandschaften. Er setzte in diesem Umfeld verschiedene Projekte in unterschiedlichen Branchen erfolgreich um.

Dieter Schraad ist seit mehr als 20 Jahren als SAP-Berater und Projektmanager tätig. In dieser Zeit hat er nationale und internationale Kunden aus den unterschiedlichsten Branchen, sowohl aus der Konsum- als auch aus der Investitionsgüterindustrie, bei der Einführung neuer Konfigurationsmodelle oder der Optimierung ihrer bestehenden Modelle beraten und unterstützt.

Für die meisten seiner Projekte hat er parallel auch die Verantwortung als Projektmanager übernommen.

B Index

C Disclaimer

Die in diesem Werk wiedergegebenen Gebrauchsnamen, Handelsnamen, Warenbezeichnungen usw. können auch ohne besondere Kennzeichnung Marken sein und als solche den gesetzlichen Bestimmungen unterliegen. Sämtliche in diesem Werk abgedruckten Bildschirmabzüge unterliegen dem Urheberrecht der SAP SE, Dietmar-Hopp-Allee 16, 69190 Walldorf.

In dieser Publikation wird auf Produkte der SAP SE Bezug genommen. SAP, R/3, SAP NetWeaver, Duet, PartnerEdge, ByDesign, SAP BusinessObjects Explorer, StreamWork und weitere im Text erwähnte SAP-Produkte und -Dienstleistungen sowie die entsprechenden Logos sind Marken oder eingetragene Marken der SAP SE in Deutschland und anderen Ländern. Business Objects und das Business-Objects-Logo, BusinessObjects, Crystal Reports, Crystal Decisions, Web Intelligence, Xcelsius und andere im Text erwähnte Business-Objects-Produkte und -Dienstleistungen sowie die entsprechenden Logos sind Marken oder eingetragene Marken der Business Objects Software Ltd. Business Objects ist ein Unternehmen der SAP SE. Sybase und Adaptive Server, iAnywhere, Sybase 365, SQL Anywhere und weitere im Text erwähnte Sybase-Produkte und -Dienstleistungen sowie die entsprechenden Logos sind Marken oder eingetragene Marken der Sybase Inc. Sybase ist ein Unternehmen der SAP SE. Alle anderen Namen von Produkten und Dienstleistungen sind Marken der jeweiligen Firmen. Die Angaben im Text sind unverbindlich und dienen lediglich zu Informationszwecken. Produkte können länderspezifische Unterschiede aufweisen.

Der SAP-Konzern übernimmt keinerlei Haftung oder Garantie für Fehler oder Unvollständigkeiten in dieser Publikation. Der SAP-Konzern steht lediglich für SAP-Produkte und -Dienstleistungen nach der Maßgabe ein, die in der Vereinbarung über die jeweiligen Produkte und Dienstleistungen ausdrücklich geregelt ist. Aus den in dieser Publikation enthaltenen Informationen ergibt sich keine weiterführende Haftung.

Weitere Bücher von Espresso Tutorials

Björn Weber:

Bedarfsplanung in der Produktion mit SAP® PP

- Analyse der Bedarfs-/Bestandssituation
- Customizing der Bedarfsplanung
- Zusammenhänge zwischen den Werksparametern
- Durchführung der Planungsprozesse

http://5057.espresso-tutorials.de

Paul-Werner Neiss:

Schnelleinstieg ins Qualitätsmanagement mit SAP® QM

- QM-Prozesse im SAP-Umfeld – von der Prüfplanung bis zur Zeugniserstellung
- Grund- und Stammdaten ausführlich erklärt
- Einsatz von Qualitätsmeldungen zur Fehler- und Reklamationsbearbeitung
- Beschreibung von Add-on-Prozessen wie Stabilitätsstudie, FMEA oder Produktionslenkungsplan

http://5266.espresso-tutorials.de

Paul-Werner Neiss:

Schnelleinstieg in SAP S/4HANA® EAM – Anlagenmanagement

- Minimierung des Ausfallrisikos mittels geplanter Instandhaltung
- Schadenbeseitigung durch ausfallbedingte Instandhaltung
- Darstellung von Stammdaten und Prozessen der Instandhaltung in Fiori-Apps
- Arbeiten mit Meldungen und Instandhaltungsaufträgen

http://5423.espresso-tutorials.de

Ilka Dischinger:

Lohnbearbeitung mit SAP S/4HANA® – Einkaufs- und Produktionsprozesse

- Sonderbeschaffung Lohnbearbeitung mit SAP S/4HANA
- Stammdaten inkl. Dispobereich und Fertigungsversion
- Prozessbeschreibung mit Lohnbearbeitungs-Cockpit
- Tipps und Tricks auch ohne Programmierung

http://5649.espresso-tutorials.de